David Sucunza

Drogas, fármacos y venenos

LIBROS
EN EL
BOLSILLO

© David Sucunza, 2021
© Talenbook, S.L., 2021
© de esta edición en Libros en el Bolsillo, enero de 2023
      www.editorialguadalmazan.com
      info@almuzaralibros.com
      Síguenos en @AlmuzaraLibros

Director editorial: Antonio E. Cuesta López
Libros en el bolsillo: Óscar Córdoba
Edición: María Victoria García Ortiz
Impreso por BLACK PRINT

I.S.B.N: 978-84-19414-07-6
Depósito Legal: M-29393-2022

Código IBIC: PDZ; PDX; MMG
Código THEMA: PDZ; PDX; MKG
Código BISAC: SCI034000

Guadalmazán
C/ Cervantes, 26 · 28014 · Madrid

Impreso en España - *Printed in Spain*

En recuerdo de Saúl Otero,
Pedro Colón de Carvajal y Jorge Burdeus.

PRÓLOGO 9

1. EL MALUCO 13

2. CAUTIVOS DEL DESIERTO AZUL 24

3. EL PRIMER FRAUDE MÉDICO
DE LA EDAD MODERNA 41

4. UNA HISTORIA AMARGA 52

5. CAFÉ, COPA Y PURO 66

6. EL SECRETO DEL GIN TONIC 78

7. LA ÚLTIMA COMPAÑERA:
TRAGEDIA EN TRES ACTOS 93

8. A MANO 113

9. LA COCINA MÁS GRANDE DEL MUNDO 121

10. DE MALVA, ROJO Y AZUL 132

11. LÁGRIMAS DE LÁTEX 144

12. TRES GUERRAS Y UNA PAZ... 156

13. UN FÁRMACO EN BUSCA DE AUTOR 170

14. PERCY JULIAN O EL SUEÑO AMERICANO 181

15. VELOCIDAD... 196

16. NUNCA TANTOS DEBIERON
TANTO A TAN POCOS... 206

17. CABEZA DE NEGRO 218

18. LOS VIAJES DE HOFMANN 228

19. DE LA SELVA AL QUIRÓFANO 240

20. EL INESPERADO REGALO DE MAO 252

21. SOBRE LA COCA 264

22. DETRÁS DEL ÉXITO 276

23. DIARIO DE UN HOMBRE ATRIBULADO.................... 285

24. EL OTRO ÁMBAR.. 292

25. IMPULSO ANIMAL.. 304

EPÍLOGO.. 313

AGRADECIMIENTOS.. 316

BIBLIOGRAFÍA 319

Prólogo

Comencemos por una aclaración para que nadie se lleve a engaño. En química, profesión a la que se dedica el autor, se denomina producto natural a todo compuesto generado directamente por un ser vivo. Y, para no quedarnos a medias, recordemos que compuesto químico es aquella sustancia formada por la combinación de al menos dos elementos de la tabla periódica. Ya está, no hay más. Hasta aquí llegan las definiciones en este libro. Para tranquilidad del lector, lo que sigue es un texto de corte divulgativo que aspira a mostrar el enorme impacto que los productos naturales han tenido en nuestra historia. Y lo hace a través de veinticinco ejemplos ilustrativos, por los cuales desfilan un buen número de saberes entrecruzados. La razón es simple, el estudio de estas sustancias se puede abordar desde perspectivas muy diversas. La química nos habla de su estructura y la biología de su función en los organismos que los originan, la medicina se encarga del efecto que muchos de ellos provocan en el ser humano y la antropología de su empleo por parte de las sociedades tradicionales, la historia relata su importancia en el devenir de nuestra civilización y la economía el papel que han desempeñado en el comercio internacional, y todos esos aspectos reunidos conforman el sugerente crisol del que pretenden beber las páginas que vienen a continuación.

De este modo, el libro se compone de veinticinco capítulos, que encierran otros tantos relatos dedicados a uno o varios productos naturales. Entre ellos, encontrarán fármacos con los que tratar enfermedades, venenos para cazar y asesinar, estupefacientes legales e ilegales, aromas, materiales, tintes… pues de todo ello contiene la naturaleza en abundancia, como bien ha demostrado nuestra especie sacándoles provecho desde tiempos inmemoriales. Algunos posiblemente resultarán conocidos para el lector, como la penicilina, la morfina, el caucho o la cocaína, y otros no, aunque eso no significa que su importancia sea menor. Acaso gozaron de popularidad en su momento, y su estela se perdió por el camino, o son ilustres desconocidos cuya valía merecería mayor repercusión.

Y habrá quien se pregunte: ¿realmente es para tanto? ¿Verdaderamente este tema da para un libro? Desde luego, el autor cree que sí y espera que su lectura no solo aporte información, sino también unas cuantas horas de disfrute. Con el propósito de lograrlo, cada capítulo presenta entidad y carácter propios e incide en los aspectos más atractivos de la historia del producto natural en cuestión. Por ello, mientras unos textos realizan un recorrido completo por la trayectoria de una o varias sustancias, así como por las implicaciones que se han derivado de su uso, otros se fijan en aspectos más concretos, como un periodo determinado o las andanzas de las personas que más hicieron por el desarrollo de sus aplicaciones. En consecuencia, en este volumen comparten espacio crónicas que hablan del auge o el declive de naciones e imperios, no en vano algunos de estos compuestos son mercancías preciadas de gran trascendencia comercial, con relatos que se detienen en las peripecias de personajes clave, desde científicos e inventores hasta oportunistas y buscadores de fortuna, todos ellos con el común denominador de una azarosa e incluso novelesca vida.

Les dejo ya con los capítulos que estructuran el libro. Ojalá una vez terminada su lectura compartan mi impresión: nuestra historia hubiese sido muy diferente, y nuestro día a día sensiblemente peor, sin la constante presencia de los productos naturales.

1. EL MALUCO

La realidad resulta sorprendentemente caprichosa en ocasiones. A más de trece mil kilómetros de la península ibérica, en el extremo oriental del conjunto de archipiélagos que componen la actual Indonesia, se esconden cinco pequeñas islas en apariencia insignificantes. El poco suelo habitable que circunda los abruptos conos volcánicos que dominan su geografía no parece dar para mucho. Sin embargo, su relevancia histórica es enorme. De allí salió hasta bien entrada la Edad Moderna todo el clavo comercializado en el mundo. Desplacémonos ahora seiscientos kilómetros al sur sin abandonar el intrincado archipiélago de las Molucas. Llegaremos a las Banda, y encontraremos, repetido, el mismo fenómeno. De nuevo, un grupo de islitas engañosamente anodino. En total, poco más de cuarenta kilómetros cuadrados de roca magmática y jungla. Y, de nuevo, un insospechado tesoro oculto: sus escasos bosques albergaron durante milenios los únicos ejemplares existentes del árbol cuyo fruto genera tanto la nuez moscada como la macis.

Hoy en día se hace difícil entender la fascinación que la Europa medieval sintió por estas tres especias. No obstante, junto con la pimienta india y la canela de Ceilán, conformaron el *summum* del refinamiento culinario de la época y sus singulares aromas, resultado de las complejas combinaciones de compuestos químicos volátiles que poseen, presidieron la mesa de cada familia aristocrática que se preciase de serlo. Una inclinación que contenía una componente práctica considerable, un vino o una cerveza parcialmente deteriorados o una carne desalada e insípida mejoraban sustancialmente gracias a su uso, pero también un plus que la excedía. Su remota procedencia las dotaba de un sugerente exotismo y su elevadísimo precio de la exclusividad que requiere todo símbolo de estatus social.

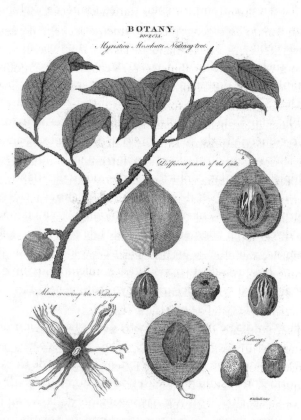

Detalle de *Myristica fragrans*, el árbol de la valiosa nuez moscada. Grabado por William Miller para William Archibald, *Encyclopaedia Britannica* quinta edición (Edimburgo: Gale, Curtis y Fenner, Londres; y Thomas Wilson and Sons, York, 1817).

Cabe preguntarse, por tanto, cuánto de la atracción que provocaron estos condimentos derivaba de sus inusuales características, cuánto de la lejanía de su lugar de origen, y lo que esa circunstancia ocasionaba en su coste, y cuánto de vivir en una sociedad con una exigua variedad de lujos a su alcance. Poco importa ya, a estas alturas. Convengamos en que lo verdaderamente sustancial fue la propia existencia del fenómeno, y lo más llamativo observar cómo un condicionamiento geográfico puramente accidental puede convertirse en desencadenante de las vastas transformaciones que conducen a una nueva era. Veamos de qué modo.

Durante el Medievo, los europeos sabían muy poco de esas especias que tanto apreciaban. Como sucedía con cualquier mercancía proveniente de Asia, su transporte a través de la antiquísima Ruta de la Seda quedaba fuera de su área de influencia, y solamente intervenían en su tráfico una vez estas arribaban a los puertos del Mediterráneo oriental. Esta lucrativa función recaía fundamentalmente en la ciudad-estado de Venecia, cuya arquitectura suntuosa nos recuerda las colosales ganancias que la compraventa de esas sustancias reportaba. Pero «donde hay grandes recompensas hay hombres valientes» —Sun Tzu *dixit*—, por lo que la aparición de un rival dispuesto a competir por tan suculento pastel era mera cuestión de tiempo.

Ese momento llegó en el siglo xv. Coincidiendo con el auge del Imperio Otomano, que con sus conquistas de Constantinopla en 1453 y Siria y Egipto seis décadas después bloqueó el comercio Oriente-Occidente, Portugal inició un ambicioso plan de expansión marítima que le condujo a las tierras ignotas al sur del Cabo Bojador. Desafiando los postulados de la época, pues se creía que más allá de esa barrera mítica esperaban peligros terribles que imposibilitaban la navegación, las carabelas lusas fueron descendiendo por el litoral africano en viajes sucesivos, al tiempo que sus aguerridos marinos perfeccionaban sus destrezas en el arte de marear. Esto les permitió alcanzar el paso al Océano Índico en las postrimerías de la centuria. Y una vez cruzado el umbral, penetrar a sangre y fuego en el opulento mundo de las especias.

Su irrupción no pudo ser más arrolladora. En muy pocos años, impusieron su voluntad sobre los pueblos que venían comerciando en el Índico, gracias a la calidad de sus embarcaciones y a la potencia de su artillería. Si en 1510 se apoderaban de Calicut y Goa, un año después le tocó el turno al próspero puerto malayo de Malaca, en un golpe de mano que cambiaría de raíz el panorama del clavo, la nuez moscada y la macis. No en vano, todas las mercaderías provenientes de las Molucas hacían escala en esta última plaza, por no hablar de la conmoción que la demostración de fuerza portuguesa provocó en los habitantes de la zona.

De hecho, la impresión generada fue tal que los dos principales sultanatos productores de clavo, los sempiternos competidores Ternate y Tidore, se lanzaron en busca de una rápida alianza con los recién llegados. Movidos por un mismo objetivo, sojuzgar a su oponente tradicional gracias a la ayuda foránea, ambos se enzarzaron en un extraño combate consistente en enviar ostentosas comitivas de bienvenida ante las naves invasoras. Y como Ternate resultó vencedor, esa isla obtuvo el dudoso privilegio de contar con la primera estación comercial europea en el archipiélago.

Claro está que, mientras Portugal se afanaba en estos violentos quehaceres en pos de lograr un imperio oceánico, la otra nación ibérica, la recién unificada España, también se había sumado a la carrera por encontrar una ruta alternativa con la que acceder a las riquezas de Oriente. En su caso, guiada por las revolucionarias ideas de Cristóbal Colón, cuya audacia se había visto recompensada con el hallazgo de un nuevo continente que los hispanos se habían propuesto conquistar. Pero su ambición no había quedado satisfecha, y en 1521 aparecieron por las Molucas dos barcos bajo su bandera. Eran los restos de la otrora flamante «Armada para el descubrimiento de la Especiería», que estaba a mitad de camino de completar la primera circunvalación al globo terráqueo. Y, naturalmente, Tidore se mostró más que solícito a la hora de socorrerlos en sus no pocas necesidades, puesto que intuyó una oportunidad de resarcirse de su derrota anterior. Ahí dio comienzo una partida de ajedrez, jugada a dos continentes y a cuentas de los claroscuros del Tratado de Tordesillas, que no terminó hasta que Carlos I, siempre necesitado de fondos, cedió sus posibles derechos sobre las islas a cambio de 350.000 ducados de oro.

Esta renuncia, rubricada en el Tratado de Zaragoza de 1529, dio vía libre a Portugal, que pasó a disfrutar de un negocio más que boyante. A través de una extensa red de fuertes y estaciones comerciales a lo largo de las costas de África y Asia, dominó el tráfico con oriente durante las décadas siguientes, a la vez que Lisboa se engalanaba gracias a su condición de puerta de ingreso de las especias en Europa. Una situación de privilegio como esa, sin embargo, está destinada a despertar la codicia de potenciales rivales, de manera que pronto se iban a unir a la fiesta más contendientes ávidos de degustar fruta tan jugosa.

La primera expedición holandesa atracó en las Molucas en 1599. Dos años después haría lo propio una escuadrilla inglesa, en sendas avanzadillas de las respectivas Compañías nacionales de las Indias Orientales que se habían fundado en esos países. Ambas compartían idéntico propósito, jugar un papel relevante en el tráfico del clavo, la nuez moscada y la macis, idea que evidentemente no fue del agrado de los portugueses, si bien se vieron forzados a ceder ante el empuje protestante. Los lusos atravesaban una mala época, debilitados en la metrópoli por una crisis dinástica que había concluido con el reino bajo el mando de la Corona española y expulsados de Ternate por una insurrección nativa.

De ese modo, el siglo XVII inauguró un periodo, todavía más turbulento que el anterior, caracterizado por la pugna continua entre los aspirantes a controlar el comercio en el Índico. De él saldría victorioso Países Bajos, ya que fue capaz de arrebatar a Portugal sus posesiones más valiosas en Asia, al tiempo que obligaba a Inglaterra a replegarse en la India. Un triunfo sin paliativos que le permitió implantar un verdadero monopolio en el negocio de las especias, que pasaron a entrar en Europa a través del floreciente puerto de Ámsterdam.

Este cambio de titularidad iba a resultar muy poco favorecedor para los pobladores de las Molucas. Los nuevos amos del territorio perseguían una única meta, maximizar sus ganancias, y no se detuvieron ante nada con tal de conseguirlo. El ejemplo más claro lo encontramos en las Banda, las islas productoras de nuez moscada y macis. Desde siempre, los indígenas de este archipiélago habían vendido su género a toda nave que se acercase sin importar su procedencia, en una actitud abierta tan provechosa para ellos como alejada de los planes de los holandeses. Estos llegaron exigiendo un régimen de exclusividad. Y como no lo obtuvieron a su conveniencia, pues los nativos se resistieron a abandonar sus prácticas tradicionales, optaron por una medida brutal:

deportar a los habitantes de la región, mujeres, niños y ancianos inclusive, y repoblarla con esclavos.

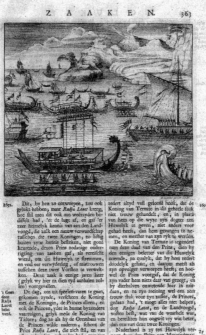

Página extraída de la obra monumental de François Valentyn: *Oud en nieuw Oost-Indiën, vervattende een naaukeurige en uitvoerige verhandelinge van Nederlands mogentheyd in die gewesten* (*Antiguas y nuevas Indias Orientales, incluida una descripción detallada y precisa de los territorios controlados por los Países Bajos*). El grabado representa una flota de barcos en las Molucas en 1692 (c. 1724-1726).

Para poner en práctica la resolución, trasladaron a las islas soldados europeos, mercenarios javaneses y samuráis japoneses, en un nutrido contingente que sembró el terror a su paso. La mayoría de los bandaneses se había refugiado en las montañas, donde habían formado numerosos grupos guerrilleros dispuestos a luchar hasta el final. Así ocurriría, literalmente. Pocos meses después, la población autóctona yacía arrasada. Catorce mil aborígenes habían muerto y el millar superviviente faenaba en las plantaciones como trabajadores forzados.

En cuanto a Ternate y Tidore, estos sultanatos también sufrirían las despiadadas políticas neerlandesas contra el contrabando, aunque sin alcanzar esos extremos de crueldad. Eso sí, fueron obligados a desprenderse de su mayor fuente de riqueza, los árboles del clavo, cuyos bosques originarios acabaron quemados. Serían sustituidos por terrenos cultivados en la cercana isla de Ambon, donde los holandeses construyeron un poderoso fuerte desde el que controlaban la zona.

Naturalmente, los métodos draconianos terminarían por volverse en contra de sus autores. Mientras perduró su tiranía en el Índico, la Compañía Neerlandesa de las Indias Orientales tuvo que hacer frente a numerosas rebeliones indígenas, lo que en su visión mercantil del mundo se tradujo en un aumento sensible de sus gastos de producción. Esto no repercutiría en la salud de la corporación a lo largo del siglo XVII, cuando el margen de beneficios en el tráfico del clavo, la nuez moscada y la macis rondaba el dos mil por ciento, pero sí durante la centuria siguiente, en la que esos condimentos fueron paulatinamente perdiendo su prestigio.

FIGURE LX.

Grabado iluminado a mano de una idealizada pareja
de nativos de las Molucas. La mujer lleva una bandeja
de nuez moscada. París, 1683, A.M. Mallet.

Al fin, a las especias les había llegado su hora de pasar de moda. En un planeta globalizado, en buena parte debido a la búsqueda de rutas nuevas hacia las Molucas, las posibilidades comerciales se habían disparado, y otros artículos de introducción más reciente en Europa, como el azúcar, el tabaco, el té o el café, competían en ventaja con ellas a la hora de ganarse el favor de los consumidores. Además, su presencia en la cocina era mucho menos necesaria, pues los alimentos americanos, con el tomate, el pimiento y la patata a la cabeza, habían enriquecido enormemente el arte culinario, dotándolo de una mayor variedad de sabores y texturas. Como tampoco cumplían ya su función de símbolo de estatus social, una vez que su dilatado uso había desgastado el lustre de antaño.

Todo ello unido condujo a la caída de la compañía, cuyas posesiones quedaron ligadas al estado que la amparaba. Eso incluía las Molucas, que seguirían siendo holandesas hasta 1949, si bien su importancia había declinado bastante antes. Durante las guerras napoleónicas, la *Grande Armée* francesa invadió los Países Bajos, lo que aprovechó su rival Reino Unido para ocupar el archipiélago y llevarse especímenes de los árboles del clavo y la nuez moscada a sus propios dominios.

Ahí terminó la excepcionalidad de las islas. A partir de aquel momento, y una vez libres de la funesta maldición de las materias primas, su estela se fue difuminando, hasta convertirse para nosotros los europeos, que tanto porfiamos por su control, en un mero grupo de puntos a la derecha del mapamundi.

La efigie de Juan Sebastián Elcano grabada en los antiguos billetes
de quinientas pesetas, c. 1931 [Prachaya Roekdeethaweesab].

Sello postal emitido en España que conmemora
las azañas de Elcano, c. 1978 [KarSol].

2. CAUTIVOS DEL DESIERTO AZUL

El seis de septiembre de 1522, la nao Victoria arribó a Sanlúcar de Barrameda tras completar la primera circunvalación al globo terráqueo. Poco quedaba de la orgullosa «Armada para el descubrimiento de la Especiería» que había iniciado la singladura tres años antes. Cuatro barcos y más de doscientos expedicionarios, incluido su capitán Fernando de Magallanes, habían quedado atrás víctimas de múltiples y muy variadas adversidades. De hecho, la escena que contemplaron los sanluqueños que ese día andaban por el puerto tuvo que causar espanto: una nave completamente desvencijada avanzando penosamente bajo el gobierno de una tripulación de dieciocho marinos tan famélicos que apenas se sostenían en pie. Con Juan Sebastián Elcano a la cabeza, eran los supervivientes de una última etapa infernal que habían comenzado sesenta hombres en las Islas Molucas, y en la que habían navegado dieciséis mil kilómetros sin apenas escalas para ocultarse de los barcos portugueses que pretendían apresarlos.

No fue esta, sin embargo, la mayor hazaña que debió superar la expedición. Antes, habían encontrado el paso que conecta el Océano Atlántico con el por entonces recién descubierto Mar del Sur, hoy Océano Pacífico, y atravesado por primera vez esa inmensa masa de agua de la que se desconocía su tamaño. Un viaje terrible que conocemos en detalle gracias a la crónica de uno de sus protagonistas, el italiano Antonio Pigafetta:

«Desembocamos por el Estrecho para entrar en el gran mar, al que dimos en seguida el nombre de Pacífico, y en el cual navegamos durante el espacio de tres meses y veinte días, sin probar ni un alimento fresco. El bizcocho que comíamos ya no era pan, sino un polvo mezclado de gusanos que habían devorado toda su sustancia, y que además tenía un hedor insoportable por hallarse impregnado de orines de rata. El agua que nos veíamos obligados a beber estaba igualmente podrida y hedionda. Para no morirnos de hambre, nos vimos aun obligados a comer pedazos de cuero de vaca con que se había forrado la gran verga para evitar que la madera destruyera las cuerdas. Este cuero, siempre expuesto al agua, al sol y a los vientos, estaba tan duro que era necesario sumergirlo durante cuatro o cinco días en el mar para ablandarlo un poco; para comerlo lo poníamos en seguida sobre las brasas. A menudo aun estábamos reducidos a alimentarnos de serrín, y hasta las ratas, tan repelentes para el hombre, habían llegado a ser un alimento tan delicado que se pagaba medio ducado por cada una.

Sin embargo, esto no era todo. Nuestra mayor desgracia era vernos atacados de una especie de enfermedad que hacía hincharse las encías hasta el extremo de sobrepasar los dientes en ambas mandíbulas, haciendo que los enfermos no pudiesen tomar ningún alimento. De éstos murieron diecinueve y entre ellos el gigante patagón y un brasilero que conducíamos con nosotros. Además de los muertos, teníamos veinticinco marineros enfermos que sufrían dolores en los brazos, en las piernas y en algunas otras partes del cuerpo, pero que al fin sanaron. Por lo que toca a mí, no puedo agradecer bastante a Dios que durante este tiempo y en medio de tantos enfermos no haya experimentado la menor dolencia».

Un gran velero de la Edad Moderna podía llegar a convertirse en un entorno tremendamente inhóspito. Durante sus largas travesías transoceánicas, los navegantes se veían obligados a enfrentarse a las situaciones más variadas, desde el frío glacial hasta el calor de los trópicos. Siempre a merced de los elementos, tan pronto la ausencia de vientos podía detener su nave como una terrible tormenta ponerla en peligro. Unas condiciones de común duras y en ocasiones penosas que les forzaba a contar con tripulaciones amplias que mantuvieran un ritmo de trabajo continuo y extenuante, y a transportar todo aquello que pudiesen necesitar en los próximos meses o incluso años. Por ello, los marineros quedaban hacinados en un espacio mínimo donde debían comer, dormir y disfrutar de sus escasos momentos de ocio. Su vida transcurría en un ambiente lúgubre y permanentemente húmedo, rodeado por un enorme y caprichoso desierto azul. Y, sin embargo, como deja bien a las claras el relato de Pigafetta, si hemos de elegir el peor de los males a los que se enfrentaron, sin duda habría que escoger la «especie de enfermedad» a la que hace referencia al final de su fragmento. Sin duda hablaba del escorbuto, una dolencia que durante más de tres siglos causó estragos entre los hombres de mar europeos.

Se calcula que desde el inicio de la era de los descubrimientos a finales del siglo xv, hasta comienzos del siglo xix, más de dos millones de marineros fallecieron a causa del escorbuto. Ni los temporales, ni los naufragios, ni las batallas navales ocasionaron ni de lejos un número comparable de víctimas. «La peste de las naos», como la llamaron los españoles de la época, podía aparecer de improviso en cualquier trayecto por alta mar y asolar tripulaciones enteras. Siempre con un patrón típico: primero, los hombres comenzaban a sentirse apáticos y faltos de motivación; luego, llegaba la debilidad física, la falta de coordinación, el dolor en las articulaciones y la hinchazón en las extremidades. Paulatinamente, los enfermos seguían empeorando hasta alcanzar un cuadro clínico similar al descrito en 1596 por el médico inglés William Clowes: «sus encías estaban podridas hasta las raíces de sus dientes y sus mejillas duras e hinchadas; los dientes estaban a punto de caerse... y su aliento desprendía un hedor espantoso. Las piernas estaban tan débiles que no eran capaces de transportar sus propios cuerpos. Estaban aquejados de múltiples dolores y achaques, llenos de manchas azuladas y rojizas, algunas grandes y otras del tamaño de una mordedura de pulga». Llegados a un punto, sus cuerpos decían basta y la muerte ponía fin a su padecimiento.

Conforme los países europeos fueron colonizando distintas áreas del planeta, los viajes oceánicos se fueron haciendo más comunes. Y, con ellos, la amenaza constante del escorbuto, que, además de causar numerosas bajas, provocaba pérdidas cuantiosas. No fueron pocos los naufragios ocasionados por esta dolencia, al quedar los barcos sin gobierno por el pobre estado de su tripulación. Por ello, tanto armadores como estados, pensando más en sus mercancías que en los marineros que las transportaban, dotaban a sus buques con un número extra de hombres, calculando que la mitad perecería en el viaje. Aunque, naturalmente, también se buscó la manera de atajar el mal, si bien el proceso se alargaría durante siglos, ante la dificultad de establecer el origen de la enfermedad.

Hoy sabemos que el escorbuto se debe a una carencia de vitamina C en la dieta. Hace unos veinticinco millones de años, la especie de primate de la cual procedemos sufrió una mutación genética que la incapacitó para generar su propio ácido ascórbico, como también se denomina a ese nutriente esencial. Una alteración que podía haber resultado fatal, pues este ácido es necesario para producir el «cemento» que cohesiona nuestros tejidos, la proteína colágeno. Pero nuestro afortunado antepasado, al igual que todos sus descendientes, se alimentaba a base de vegetales ricos en vitamina C y con ello compensó su déficit. Y así transcurrió el tiempo, hasta que el *Homo sapiens* se vio en situaciones donde resulta imposible acceder a alimentos frescos, como un viaje prolongado por alta mar.

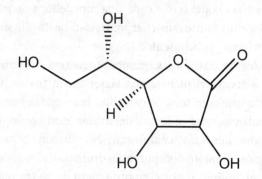

La sencilla estructura molecular del ácido ascórbico, $C_6H_8O_6$.

En la era preindustrial, permanecer en un buque durante meses implicaba una dieta muy particular. Las raciones solían ser generosas, como obliga el intenso trabajo físico que llevaba a cabo la tripulación, pero presentaban muy poca variedad. La necesidad de contar con alimentos que se pudiesen almacenar largo tiempo limitaba enormemente las posibilidades. Día tras día, prácticamente se repetía el mismo menú: carne o pescado en salazón, legumbres secas, arroz, algún encurtido y sobre todo bizcocho, siempre bizcocho. Este derivado del pan, que se convirtió en el rey de los comestibles a bordo, se cocía repetidas veces en busca de un equilibrio precario: un cocinado insuficiente provocaba la pronta aparición de gusanos, pero uno excesivo lo dejaba tan duro que quedaba casi incomible. En cualquiera de los dos casos, unas perspectivas muy poco halagüeñas para una marinería que se tenía que conformar con lo que había, lo que a menudo significaba alimentos en mal estado. Algo parecido ocurría con la bebida, debido a que el agua dulce de los toneles acababa por emponzoñarse y era necesario mezclarla con ron o sustituirla por vino o cerveza, lo que a la larga provocaba casos de alcoholismo y no pocos accidentes.

Con todo, esa dieta no salía mal parada en comparación con la habitual en las clases humildes europeas de la época. A excepción, claro, de un detalle que entonces parecía menor pero hoy sabemos fundamental: la necesidad de comer alimentos frescos ya que la vitamina C se degrada con las altas temperaturas del cocinado. De haberse advertido la relación que existe entre nutrición y escorbuto, esta enfermedad hubiese tenido un recorrido mucho más corto. Pero para desgracia de millones de marinos, se necesitaron siglos para comprender esa asociación.

Por ejemplo, si regresamos al episodio en el Océano Pacífico relatado por Pigafetta, el propio cronista nos cuenta que él no sufrió de escorbuto. Tampoco se verían afectados

Magallanes y otros mandos, mientras que decenas de sus subordinados murieron por esta causa. Pasados quinientos años, no es posible establecer con rotundidad el porqué de este llamativo hecho, pero todo apunta a que la mínima cantidad de vitamina C que mantenía el dulce de membrillo reservado a la parte noble de la expedición tuvo bastante que ver. Una circunstancia que pasó totalmente desapercibida en su momento, al igual que la increíble curación de los enfermos al volver a consumir alimentos frescos una vez hallaron tierra firme. En aquellos días, la intervención divina solía considerarse una explicación suficientemente convincente para este tipo de sucesos.

Fernando de Magallanes (Sabrosa,
1480 - Mactán, Filipinas, 1521).

Barriles con zumo de lima para el tratamiento del escorbuto entregado a los soldados del frente británico en Irak, c. 1914 [Wellcome Collection].

En cualquier caso, el incremento del tráfico transoceánico de las décadas siguientes aumentó la información existente sobre la enfermedad, y se comenzó a advertir que la ingesta de cítricos constituía un buen remedio para su tratamiento. Y así, para finales del siglo XVI encontramos tratados como el del médico Agustín Farfán, que recomendaba el empleo de limones y naranjas contra el escorbuto, y costumbres como la de la Compañía Holandesa de las Indias Orientales, que instaló plantaciones de estas frutas en distintos puntos de sus rutas comerciales. El problema estaba lejos de resolverse, sin embargo.

Por razones poco claras, los cítricos perdieron su predicamento durante el siglo XVII. Quizá por la utilización de zumo de limón almacenado, que pierde gran parte de su contenido en vitamina C con el paso del tiempo, quizá por su alto precio, especialmente para ingleses y holandeses, pues estas frutas se cultivaban fundamentalmente en España y sus territorios ultramarinos. Pero sin duda también por el estado de la medicina de la época, más atenta a lanzar conjeturas que se adecuasen a la por entonces vigente teoría de los humores que a reflexionar sobre los conocimientos prácticos adquiridos por marineros y cirujanos navales. Por esta razón, nadie se ponía de acuerdo a la hora de proponer una causa que explicase el escorbuto, y proliferaron multitud de teorías a cuál más absurda. La ira divina, la humedad, un aire viciado, el contacto con el agua de mar, factores hereditarios, las ratas, comida demasiado salada, un clima demasiado cálido o un clima demasiado frío fueron algunas de ellas, al igual que culpar a la holgazanería de los marineros, sin duda la hipótesis más dañina de todas, ya que prescribía como remedio un aumento en la carga de trabajo de los enfermos.

James Lind. Grabado de J. Wright después de Sir
G. Chalmers, 1783 [Wellcome Collection].

Este caos contribuyó decisivamente a que la «peste de los mares» siguiese causando centenares de miles de muertes hasta bien entrado el siglo XVIII. Además, los continuos conflictos bélicos entre países europeos obligaban a sus buques a pasar largas temporadas en alta mar, por lo que el escorbuto se convirtió en un peligro para la propia seguridad de las naciones. La sangría entre la marinería era constante y las armadas adoptaron la costumbre de recurrir al reclutamiento forzoso. Pero las rondas de las patrullas de leva por las zonas portuarias solían terminar con el enrolamiento de un alto porcentaje de pobres infelices sin apenas experiencia a bordo, lo que no satisfacía a los mandos navales. El Almirantazgo británico se tomaría particularmente en serio la cuestión, aunque no por compasión hacia sus subordinados. Como tantas veces, les movió un objetivo eminentemente práctico. Pretendían contar con tripulaciones profesionales y altamente preparadas para lograr una posición de supremacía en los océanos.

Durante muchos años, la armada británica buscó un antiescorbútico eficaz con denuedo, si bien la mayoría de sus esfuerzos quedaron en nada al estar concebidos para refrendar teorías carentes de sentido. No ocurriría lo mismo en el famoso experimento de James Lind, el primero que volvió a poner algo de luz en medio del marasmo. Este médico naval concibió uno de los primeros experimentos controlados de la historia de la medicina. En 1747, estando de servicio en el buque HMS Salisbury, aisló a doce marineros aquejados de escorbuto y los dividió en seis parejas, asignando a cada una de ellas un remedio de los muchos que se habían probado contra la enfermedad: sidra, elixir de vitriolo, vinagre, agua de mar, cítricos y una pasta medicinal compuesta de ajo, mostaza, rábano, bálsamo del Perú y mirra. Al cabo de una semana, los dos afortunados que habían recibido cada día un par de naranjas y un limón se habían recobrado totalmente, lo que demostró el valor de este tipo de frutas.

Lind publicaría sus resultados en un libro, *Tratado sobre la naturaleza, las causas y la curación del escorbuto*, en el que detallaba los beneficios de los cítricos contra esa dolencia, pero no acertó a encontrar su origen. Quizá influido por las extrañas teorías de la época, la atribuyó a un misterioso taponamiento de la transpiración natural del cuerpo. Y a pesar de que toda su vida defendió la necesidad de ingerir frutas y verduras frescas para luchar contra ella, nunca llegó a establecer lo que ahora nos parece evidente, una relación de causalidad entre dieta y escorbuto.

Tal vez por esa laguna, tal vez porque su libro no dejaba de ser uno más entre los muchos dedicados a este tema en aquel momento, Lind no llegó a imponer su criterio. Durante sus años de director médico del importante *Royal Naval Hospital* de Haslar, curaría a miles de pacientes a base de zumo de limón, pero no conseguiría que este se convirtiera en el antiescorbútico de referencia. El Almirantazgo siguió prefiriendo otros remedios más baratos, como la col fermentada o el *wort*, un mosto a base de harina de malta. Y como estos eran ineficaces, en alta mar los marineros siguieron totalmente indefensos contra su peor enemigo. Por poner un ejemplo, en el registro anual de la armada británica de 1763, durante el cual luchaba contra Francia en la Guerra de los Siete Años, figura que se enrolaron 184.899 individuos, de los cuales 133.708 murieron por enfermedad, principalmente escorbuto, y solo 1.512 en combate.

Esta era la brutal realidad a la que tenían que enfrentarse los hombres de mar por aquellos años. Fuera del ámbito militar, el panorama se iría aclarando y tanto en los viajes científicos del capitán James Cook como en la expedición Malaspina se conseguiría evitar el escorbuto gracias a un especial cuidado en la alimentación, pero los buques de guerra siguieron asemejándose a inmensas trituradoras de carne. Continuarían pareciéndolo hasta la última década del siglo XVIII, cuando otro médico británico contaría al fin con la suerte que en su momento le había faltado a James Lind.

Gilbert Blane había ejercido en la armada durante su juventud, donde su origen aristocrático le había permitido ascender rápidamente y convertirse en director médico de la flota de las Antillas. Ya en el Caribe, unos conocimientos teóricos exhaustivos habían suplido su poca experiencia y, gracias a una serie de medidas muy audaces para la marina de guerra de su tiempo, había logrado una mejora sustancial en la salud de sus subordinados. Firme defensor de la importancia de unas buenas higiene y alimentación a bordo, había establecido el uso obligatorio del jabón y mantenido un suministro estable de cítricos, minimizando así la incidencia del escorbuto entre la tropa.

Posteriormente, había abandonado la carrera militar para establecerse como médico privado de algunas de las figuras más influyentes de su país, al tiempo que mantenía un vínculo con su ocupación anterior, gracias a su presencia en la comisión de enfermedades del Ministerio de Marina. Allí, supo sacar partido a sus distinguidas influencias para convencer al Almirantazgo de la necesidad de generalizar las prácticas que él mismo había demostrado eficaces con anterioridad. Entre ellas, destacaba el consumo diario de zumo de limón, que de una vez por todas se convirtió en el antiescorbútico de referencia de la armada británica.

El gran mérito de Blane consistió en trasladar al ámbito militar, donde las dificultades de abastecimiento se ven multiplicadas, los hábitos de una pequeña expedición científica como la comandada por James Cook. Un éxito enorme al que sin duda ayudó decisivamente su noble cuna, que le permitía parlamentar tranquilamente con unos mandos navales que pertenecían a su misma clase social. James Lind nunca disfrutó de este tipo de familiaridades y es muy probable que este simple hecho retrasase medio siglo la adopción de un remedio eficaz contra el escorbuto. Eso sí, una vez aprobada, esta medida se demostraría decisiva para la posterior suerte de Europa.

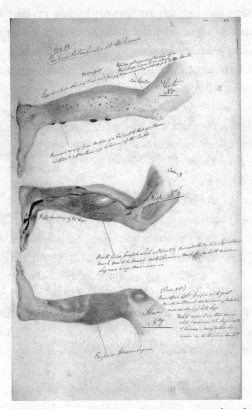

Página del diario de Henry Walsh Mahon que muestra los efectos del escorbuto, de su época a bordo del HM Convict Ship Barrosa (1841).

El 21 de octubre de 1805, se encontraron en las cercanías del cabo Trafalgar las dos escuadras más poderosas del continente. De un lado, veintisiete buques británicos; del otro, dieciocho navíos franceses sumados a otros quince de su aliada España. Más de cuarenta mil hombres listos para enfrentarse en una carnicería que ponía punto final a un macabro juego del ratón y el gato. El temible ejército de Napoleón llevaba dos años acuartelado en el norte de Francia esperando una ocasión para invadir Inglaterra. Pero esta no llegaba por el férreo control que mantenían los británicos sobre el Canal de la Mancha. Ahí tenían ambos la oportunidad de alterar el equilibrio de fuerzas y cobrar ventaja.

Una expedición inglesa al Ártico toma zumo de lima.

Pocas horas después, la derrota de la flota franco-española era completa. Además de perder la mayoría de sus barcos, más de cuatro mil de sus marinos habían fallecido en la batalla y otros catorce mil caído prisioneros. Los británicos, por el contrario, habían sufrido la décima parte de bajas y disfrutaban de un triunfo que consolidaría por décadas una incuestionable superioridad en los océanos.

Aquel día, no solo se impuso el genio táctico de Horatio Nelson, sino también la armada que mejor preparada estaba para afrontar el desafío. Gracias a su victoria sobre el escorbuto, los británicos habían minimizado las bajas entre sus filas y contaban con tripulaciones estables y bien preparadas. Sus buques portaban siempre una importante reserva de zumo de limón, proveniente de su base naval de Malta, que les permitía permanecer largas temporadas en alta mar. Una ventaja que les había posibilitado establecer un bloqueo constante sobre los puertos franceses y españoles, y había dificultado sobremanera la salida de los buques enemigos. La marinería británica, por tanto, poseía la experiencia que a la hora del combate habían echado en falta sus rivales, que todavía seguían reclutando su gente a través de la leva.

Tras las guerras napoleónicas, el resto de naciones siguieron el ejemplo británico y la peste de las naos desapareció de los océanos. Los cítricos se convirtieron en un habitual de barcos y campañas militares, y tan solo se daría un rebrote momentáneo al intentar sustituir limones por limas sin advertir que estas últimas contienen una cantidad sensiblemente inferior de vitamina C. Años más tarde, ni siquiera esas frutas resultarían imprescindibles para luchar contra el escorbuto. En el primer tercio del siglo xx, se desarrolló un método para sintetizar ácido ascórbico de manera artificial y, ya durante la Segunda Guerra Mundial, los soldados sustituyeron su ración diaria de zumo de limón por una pastilla de cincuenta miligramos de ese ácido.

Hoy en día, todavía hemos llegado más lejos. Cada año se producen miles de toneladas de ácido ascórbico, o vitamina C, da igual como lo llamemos, que se utilizan como aditivo alimentario bajo el código E-300.

3. EL PRIMER FRAUDE MÉDICO DE LA EDAD MODERNA

Lo llamaron palo santo y *lignum vitae*. En la Europa de primera mitad del siglo XVI, ninguna medicina del Nuevo Mundo gozó de mayor prestigio, pues hasta de los techos de las iglesias colgaron leños de guayaco. Ante ellos se postraban los afectados más menesterosos del «mal de bubas», en la creencia de que sus plegarias les librarían de la enfermedad. Única esperanza para aquellos que no podían permitirse este costoso remedio, que se pagó a siete escudos de oro la libra. La sífilis había caído como una maldición sobre el continente, y sus posibles curas se habían convertido en un negocio enorme. Como consecuencia, pocas mercancías generaron más beneficios en los inicios del comercio trasatlántico, aunque aún menos se demostrarían tan inútiles. Hoy sabemos que los privilegiados que usaron la madera de este árbol, siguiendo los escritos de algunos de los mejores médicos de la época, tuvieron las mismas posibilidades de sanar que los pobres a los que solo les quedaba rezar. El guayaco resulta totalmente inefectivo contra la bacteria *Treponema pallidum*. Pero, ¿de dónde surgió su fama? Al parecer, de meros intereses particulares. Es muy posible que nos encontremos ante una estafa, el primer gran fraude médico de la Edad Moderna. Recordemos su historia.

El «mal de bubas» apareció en 1495 como un trueno. Durante el sitio de Nápoles, en el que lucharon tropas aragonesas y francesas, se produjo una gran epidemia que dejó fuera de combate a buena parte de la soldadesca, presa de pústulas y llagas que llegaban a causar la muerte, y que no tardaría en propagarse por todo el continente. Una vez finalizada la campaña, los ejércitos, integrados por mercenarios de media Europa, regresaron a sus hogares portando la enfermedad consigo. De ahí el otro nombre con que se conoció a este mal inicialmente, *morbo gallico*. Aunque, para ser justos, cada cual atribuyó la dolencia a su rival de turno, si los italianos lo llamaron el mal francés o español, los franceses se referirían a él como «de Nápoles», los japoneses lo denominarían la enfermedad portuguesa, los tahitianos la británica y los turcos la cristiana.

Lignum sanctum, ilustración extraída del *Rerum medicarum Novae Hispaniae thesaurus, seu, plantarum, animalium, mineralium Mexicanorum historia* de Francisco Hernández, c. 1651.

Mayor dificultad presenta localizar el inicio de la sífilis, un aspecto que de hecho continúa en debate. Diferentes restos óseos atestiguan su existencia en la América Precolombina, aunque probablemente como una afección no trasmitida sexualmente. Pero también se han encontrado indicios de su posible presencia en la Europa previa al 1492, si bien estos últimos son menos claros. Una aparente contradicción que ha provocado una larga controversia entre los que sitúan el origen de la dolencia en uno u otro continente. A medio camino quedaría la teoría más aceptada actualmente, según la cual la expedición de Colón habría transportado cepas americanas de *Treponema* en el regreso de su primer viaje, y estas habrían sufrido algún tipo de mutación durante el mismo, dando lugar a la enfermedad venérea que hoy conocemos.

Sea como fuere, lo que no plantea dudas es la magnitud del brote iniciado en Nápoles. Se estima que entre un cinco y un veinte por ciento de la población europea podría haber padecido sífilis en las primeras décadas del siglo xvi. Ni tampoco las repercusiones sociales que causó la epidemia, a la que se dio categoría de prueba o incluso castigo divino. Por ello, no extraña la enorme atención que atrajo entre los médicos de la época, que buscaron en la farmacopea remedios que paliasen sus temidos efectos. Muchos se decantarían por el mercurio, cuya utilización en ungüentos ya contaba con una larga tradición en el tratamiento de la lepra y distintos problemas de la piel. Sin embargo, el empleo excesivo de este metal tóxico causa graves efectos secundarios, desde pérdida de dientes y temblores hasta parálisis, por lo que no fueron pocos los dolientes que prefirieron soportar los rigores de la enfermedad antes que enfrentarse a esta peligrosa medicación. El campo estaba perfectamente abonado, por tanto, para la irrupción de un nuevo producto capaz de prometer curación sin temibles inconvenientes. Y, por supuesto, este apareció.

Se ha perdido la huella del primer envío de guayaco a España, pero de acuerdo a diversas fuentes de la época, la madera de este árbol nativo de la América Tropical, también llamado guayacán, ya se utilizaba en la península ibérica en la primera década del siglo XVI. Una novedad que atrajo la atención del cardenal Matthäus Lang, consejero del emperador Maximiliano I, que organizó una comisión imperial que viajó entre 1516 y 1517 por nuestro país para analizar su empleo contra el «mal de bubas». El informe definitivo de esta expedición no saldría a la luz hasta 1535, si bien la información obtenida debió tener eco mucho antes. Solo así se explica el éxito inmediato que experimentó el libro del humanista alemán Ulrich von Hutten *De guaiaci medicina et morbo Gallico*, que llegaría a ser editado en alemán, francés, inglés y latín.

En ese texto de 1519, que loaba las virtudes del *lignum vitae* frente al *morbo gallico*, Hutten detalla los pormenores del que sería el tratamiento típico a base de guayaco. La cura comenzaba con la elaboración de una infusión a partir de una libra de leño troceado y ocho de agua, que se calentaba sin llegar a ebullición hasta que el volumen se reducía a la mitad. Posteriormente, el preparado obtenido era administrado a lo largo de un mes al enfermo, que además debía mantener un duro régimen que incluía su encierro en una habitación a alta temperatura y alimentarse lo menos posible. Con ello, se perseguía que el paciente purgase su mal a través del sudor, de acuerdo a la teoría de los humores que prevalecía en la época. Pero, claro, las cualidades sudoríficas del palo santo no son eficaces contra la bacteria causante de la sífilis y, de hecho, el propio Hutten acabaría muriendo en 1523 por la misma enfermedad que creyó vencer.

Nadie pareció reparar en este paradójico hecho, sin embargo, pues la publicación de nuevos libros y panfletos alabando las bondades del guayaco continuó en los años siguientes. Entre ellos, destaca el *Sumario de la Natural y General Historia de las Indias* (1526) del cronista castellano Gonzalo Fernández de Oviedo, el primero que sitúa el origen del «mal de bubas» en América. Con ello daba un nuevo argumento a los defensores del remedio, ya que por aquellos años estaba muy extendida la creencia de que, para aliviar los pesares del ser humano, Dios coloca cercanos enfermedad y cura. Una idea en la que también incidiría el poema *Syphillis, sive morbus gallicus*, escrito en 1530 por el médico italiano Girolamo Fracastoro, que de manera alegórica atribuía la dolencia al pastor Syphilo, apelativo que acabaría dando nombre definitivo al nuevo mal.

Visto hoy, extraña el enorme prestigio que llegó a alcanzar un remedio ineficaz. Tres causas principales pueden explicar el fenómeno. La primera ya está comentada, la aparición repentina de la sífilis y lo penoso del principal tratamiento utilizado, el mercurio. Al menos, el guayaco resultaba inocuo para el paciente. La segunda tendríamos que buscarla en la propia historia natural de la enfermedad, caracterizada por la alternancia entre periodos de actividad y de latencia. Así, los primeros síntomas de la infección, la formación de chancros en los órganos sexuales, desaparecen espontáneamente a las semanas, y solo tras varios meses se manifiesta una fase secundaria que trae consigo diversas lesiones cutáneas, que también terminan curando. Es la llamada sífilis terciaria la verdaderamente peligrosa, ya que ataca al sistema nervioso ocasionando daños neurológicos irreparables, pero esta solo se desencadena tras un largo periodo de latencia que puede durar décadas. No obstante, esta sintomatología se iría conociendo a lo largo del siglo XVI y se antoja insuficiente para esclarecer lo ocurrido. La única manera de explicar el extraño caso del guayaco es recurrir a un tercer argumento, la campaña de publicidad que promovió la familia Fugger para fomentar su uso.

Preparación y uso de guayaco para el tratamiento de la sífilis, c. 1590 [Museum Plantin-Moretus].

Los mayores banqueros de su tiempo, esta familia procedente de Augsburgo poseyó a inicios de la Edad Moderna un imperio financiero colosal, con intereses tan dispares como el comercio de materias primas, la minería o las especias. También financiaron al manirroto emperador Maximiliano I, que a su muerte dejó tanto sus dominios como sus deudas a su nieto Carlos. Poderosa razón para asegurarse de que igualmente recibiese el Sacro Imperio Romano Germánico, para lo cual los Fugger le concedieron un préstamo cuantioso con el que sobornar a los príncipes electores. 544.000 florines, dos terceras partes del montante reunido para comprar voluntades. Una vez proclamado, el ya Carlos I de España y V de Alemania devolvería con creces la suma a través de distintas y lucrativas concesiones, lo que llevó a parte de la familia a trasladarse a España. Aquí se les conoció como Fúcares y todavía quedan huellas de su paso, como una calle en Madrid en la zona donde tuvieron una casa de campo o la utilización de ese apelativo para referirse a una persona acaudalada.

Sello postal emitido en Cuba de la serie «Flores cubanas», con una ilustración de *Guaiacum officinale*, c. 1983.

Entre los numerosos negocios que Carlos otorgó a la familia alemana se cuenta el monopolio del comercio del guayaco, cuya explotación prometía grandes dividendos. La epidemia de sífilis recorría toda Europa y no hacía distingos entre clases sociales, por lo que no eran pocos los pacientes pudientes necesitados de la esperanza que ofrecía el remedio americano. Los Fugger aprovecharían esta circunstancia iniciando una campaña de promoción más que cuestionable, que incluía pagos a los médicos que fomentaran la nueva panacea. Así lo reconoció el propio Hutten, que afirmó que muchos galenos opuestos al uso del guayaco habían cambiado su parecer tras la debida recompensa. Una práctica deshonesta que sería denunciada por Paracelso, si bien el suizo no gozó en vida del reconocimiento que adquirió posteriormente, con lo que sus acusaciones encontraron poco eco.

No sería esta la única iniciativa que impulsaron los Fugger con intención de promover su producto. Una que ha llegado hasta nuestros días es la *holzhaus*, nombre alemán que podríamos traducir como casa del leño. Esta especie de hospital, que todavía se puede visitar dentro del barrio que la familia de banqueros fundó en Augsburgo, la *Fuggerei*, atendía a enfermos de sífilis y sirvió de modelo para otros establecimientos que abrirían en distintas ciudades europeas.

Todos estos estímulos lograron que, por unas décadas, el guayaco fuese una de las pocas mercancías procedentes de las Indias con valor suficiente como para cargar barcos enteros con él. La alta demanda mantenía bien lubricado un negocio que se iniciaba en La Española y, pasando por Sevilla, concluía en cualquier ciudad europea. Un largo trayecto que posibilitaba multitud de pequeños engaños, como disimular con arcilla los desperfectos que los leños sufrían durante el viaje o mezclar la madera con otras más baratas si esta venía en virutas.

Póster de una reciente campaña contra la sífilis promovida por el AIDS Committee of Toronto.

No perduraría esta grotesca situación de fraude sobre fraude, en cualquier caso. Poco a poco, la nula efectividad del palo santo se fue haciendo patente y comenzaron a escucharse voces que cuestionaban su eficacia. Y, así, el supuesto remedio fue perdiendo su prestigio, con lo que hasta autores que habían fomentado su uso, como Fracastoro, acabaron renegando de él. Para finales del siglo XVI, la moda prácticamente había terminado y el boyante negocio desaparecido.

Hoy nos podemos preguntar por qué se empezó a utilizar el guayaco, de dónde surgió ese interés inicial que luego se vería agigantado por la ilusión de miles de enfermos y los intereses comerciales de la familia Fugger. Varios autores de la época relataron este origen, si bien lo hicieron de oídas al vivir en Europa. Ni siquiera el ya mencionado *Sumario* de Fernández de Oviedo, que a partir de 1514 pasó buena parte de su vida en las Indias, podría ser considerado una fuente de primera mano, ya que distintos textos sitúan la llegada del palo santo a la península ibérica en la década anterior. Tampoco ayuda el estudio de los antiguos códices aztecas ni de los yerberos mexicanos actuales, que no hacen referencia al uso medicinal de la madera de este árbol. Quizás su empleo se restringió a las islas del Caribe y el rápido colapso de la cultura taína nos ha privado de la explicación que buscamos. Tan solo nos queda especular con un equívoco encuentro en la Española entre indígenas y conquistadores, en el que los segundos entendieron lo que la necesidad o la conveniencia les empujó a entender.

También podemos preguntarnos la razón de que otros remedios igualmente fallidos no perdieran su reputación. Ahí tenemos al mercurio, que hasta la llegada del siglo XX se mantuvo como fármaco de referencia contra la sífilis. Hubo que esperar a las investigaciones del médico alemán Paul Ehrlich, que culminaron con el revolucionario descubrimiento del fármaco sintético *salvarsán*, para que el funesto presagio «una noche con Venus y una vida con Mercurio» se convirtiera en un simple recuerdo.

Ilustración que representa a Charles Leclerc en Santo Domingo,
a partir del retrato de François Kinson del Palacio de Versalles.

4. UNA HISTORIA AMARGA

A comienzos de 1802, una potente fuerza expedicionaria de más de treinta mil hombres arribó a las costas de Saint-Domingue. La comandaba Charles Leclerc, general de brigada de la máxima confianza de Napoleón Bonaparte, pues no en vano estaba casado con su hermana Pauline. El todavía primer cónsul y futuro emperador había decidido recuperar el control de su colonia más preciada, la parte occidental de la Española, donde once años atrás se había desencadenado una insurrección de esclavos masiva. Los ideales de libertad, igualdad y fraternidad, momentáneamente triunfantes en Francia pero ignorados en sus posesiones del Caribe, habían alentado esta revuelta liderada por el negro liberto Toussaint Louverture, que había establecido un régimen leal a la metrópoli pero autónomo y basado en el trabajo asalariado.

Menos de dos años después, los sueños coloniales de Bonaparte se habían trocado en pesadilla. La fiebre amarilla había aniquilado las tropas francesas, incluyendo a Leclerc, y tan solo una cuarta parte de sus soldados seguía con vida. Pronto serían definitivamente derrotados en la batalla de Vertières y expulsados de la isla. Su única huella perdurable consistiría en un brutal rastro de muerte y devastación que terminaría por empujar a los insurgentes hacia la barbarie. Bajo el gobierno de Louverture, la minoritaria clase hacendada blanca había conservado sus plantaciones en propiedad. Pero este había sido capturado, y resultado muerto tras un breve encarcelamiento en la región más fría de toda Francia, y su sucesor, el antiguo esclavo Jean-Jacques Dessalines, se había mostrado mucho menos tolerante. La inminente proclamación de independencia de Haití vendría acompañada del exterminio de los pocos europeos que todavía permanecían en su territorio.

Hoy en día, esta nación antillana es la más pobre de todo el continente americano, al tiempo que una de las más densamente pobladas. Pero no siempre fue así, no al menos lo primero, pues poco antes del levantamiento de los esclavos aportaba la cuarta parte de la riqueza de su metrópoli. De hecho, la todavía francesa Saint-Domingue se convirtió en el paradigma de las economías extractivistas que los países europeos instauraron en la América Tropical durante la Edad Moderna. Lo logró, eso sí, a costa de la deforestación de sus bosques y la subsecuente erosión de sus suelos, problema que aún arrastra, y la constante llegada de carne fresca procedente de África. El extenuante ritmo de trabajo en sus plantaciones requería un suministro continuo de esclavos, cuyo número en esta colonia rebasaba al de ciudadanos libres blancos en veinte a uno. Todo con el único fin de que Europa recibiese puntualmente los bienes que pedía: algodón, índigo, cacao, café, tabaco y, sobre todo, azúcar, mucho azúcar.

Podemos decir, sin miedo a equivocarnos, que la tan humana pasión por el dulce fue la principal fuerza motriz del proceso de migración forzosa más grande de la historia. Entre 1500 y 1840, el Nuevo Mundo recibió unos 11,7 millones de esclavos nativos del África Occidental. Nueve de cada diez de ellos lo hicieron para faenar en sus plantaciones, donde la caña de azúcar ocupó un lugar estelar. El motivo es claro, no había cultivo más lucrativo ni con mayor demanda. Aunque tampoco uno que conllevase mayores tasas de mortalidad debido a las durísimas condiciones de trabajo que implicaba.

Como prueba, basta remitirse a la *Historia de las Indias* de fray Bartolomé de Las Casas, que ya a mediados del siglo XVI escribió: «Antiguamente, antes que hobiese ingenios, teníamos por opinión en esta isla, que si al negro no acaecía ahorcalle, nunca moría, porque nunca habíamos visto negro de su enfermedad muerto, porque cierto hallaron los negros, como los naranjos, su tierra, la cual les es más natural que su Guinea, pero después que los metieron en los ingenios, por los grandes trabajos que padecían y por los brebajes que de las mieles de caña hacen y beben, hallaron su muerte y pestilencia, y así muchos dellos cada día mueren; por esto se huyen cuando pueden a cuadrillas, y se levantan y hacen muertes y crueldades en los españoles, por salir de su captiverio cuantas la oportunidad poder les ofrece».

La presencia de la caña de azúcar en América es tan antigua como el propio descubrimiento de ese continente por parte de los europeos. El mismo Cristóbal Colón la transportó allí en su segundo viaje de exploración, al igual que hicieron los portugueses en cuanto tomaron posesión de las costas de Brasil. Para entonces, esta planta ya había recorrido un largo camino, pues se había domesticado en la lejana isla de Nueva Guinea diez mil años antes y, con escalas en la India y el Oriente Próximo, había llegado al mundo mediterráneo bajo el influjo de la dominación árabe. Un trayecto durante el cual se fueron desarrollando las técnicas de elaboración que finalizan en los cristalinos granos de dulzura concentrada que por aquel entonces solo deleitaban a los más pudientes, así como poniendo de manifiesto que la rentabilidad de ese cultivo está íntimamente ligada al establecimiento de producciones extensas. Los portugueses propiciarían un gran, y nefasto, salto en este sentido poco antes de su desembarco americano, al utilizar por primera vez esclavos africanos como mano de obra principal en sus cañamelares de la isla de Madeira.

La entronización del azúcar como el rey de los bienes de consumo con destino a Europa, sin embargo, no sucedería hasta pasada la mitad del siglo XVII, una vez que ingleses, franceses y holandeses aprovecharon la debilidad del Imperio Español para establecerse en distintas zonas del Caribe. Estos países llevarían el régimen implantado por Portugal en sus posesiones de Madeira y Brasil hasta sus últimas consecuencias, y convertirían a Barbados, Jamaica, la parte occidental de la Española y las Guayanas en inmensos sistemas de plantaciones basados en el trabajo esclavo. Llegaban los tiempos del famoso comercio triangular, un negocio tan espléndido para las metrópolis como a la larga ruinoso para sus colonias americanas y el África Occidental.

El arte de fabricar azúcar. Grabado del procesado de la caña de azúcar en las Indias Occidentales, c. 1749.

De Europa a África artículos manufacturados, de África a América esclavos, «piezas» según el argot de la época, y de América a Europa los frutos de la agricultura comercial caribeña, con el azúcar a la cabeza. Así quedó configurado este triángulo absolutamente irregular pues, mientras el primer vértice pudo lustrar su Siglo de las Luces potenciando su industria, el segundo se desangró y el tercero se vio atrapado en un modelo que no le permitió desarrollarse económicamente. Hay que decir, en cualquier caso, que la estampa que se conserva de reyezuelos de las Guineas aceptando baratijas a cambio de sus capturas en el interior es totalmente falsa. Sabían bien qué pedir, armas y textiles principalmente, y las negociaciones se producían de igual a igual. En este sentido, nos encontramos ante un nuevo ejemplo de las miserias del ser humano. Mal que nos pese, el expolio africano se hizo en connivencia con la parte de ese continente que se vio beneficiada con el intercambio. La esclavitud como institución estaba plenamente asentada en ambas sociedades y ni compradores ni vendedores ponían reparos morales a la trata de seres humanos.

Plantando caña de azúcar en Haití [Schomburg Center for Research in Black Culture, Photographs and Prints Division, The New York Public Library].

Tampoco las tenía España que, sin embargo, se mantuvo bastante al margen de este comercio. Durante los siglos XVII y XVIII, nuestro país importaría muchos menos esclavos que Portugal, Inglaterra y Francia, a pesar de la vasta extensión de sus dominios americanos. Hasta el final de esa segunda centuria, además, no autorizó a sus súbditos la adquisición de esclavos fuera de sus fronteras, sino que concedió licencias, los llamados asientos, a traficantes de otras nacionalidades para que se encargasen de los envíos. La razón debemos buscarla en su persistencia en continuar con un modelo económico que se estaba quedando caduco. Y así, al tiempo que fuera de la península ibérica el libre mercado se iba imponiendo y grandes sociedades mercantiles crecían a costa de la trata, la Corona Española siguió ejerciendo un control férreo sobre su sistema productivo y privilegiando los monopolios. Una disparidad que tiene mucho que ver con las propias riquezas de los territorios españoles ultramarinos, pues de Potosí, Guanajuato y Zacatecas se extraían cantidades ingentes de plata. Las fecundas minas del Perú y la Nueva España marcaron para bien y para mal la agenda de nuestro país, que concentró sus esfuerzos alrededor de su explotación y no prestó excesiva atención a las posibilidades de sus posesiones antillanas.

Por ello, España apenas sucumbió a la fiebre por cultivar caña de azúcar que sí afectó al resto de potencias coloniales y que provocaría un vuelco en los patrones de consumo europeos. Y es que, una vez que ingleses y franceses establecieron sus sistemas de plantaciones en el Caribe, la misma sustancia que hasta ese momento había tenido categoría de especia de lujo pasaría a considerarse en pocas décadas un alimento de uso común. A mayor producción, menor precio, pero un negocio igual de boyante al haber cada vez más personas capaces de comprarla habitualmente. Y como la pasión humana por el dulce no está sujeta a modas ni clases sociales, una demanda siempre creciente que obligó a su vez a ir aumentando la mano de obra al otro lado del Océano Atlántico.

Según los ingenios azucareros se multiplicaban, también lo hacían los trabajadores necesarios para acometer las penosas tareas que requería su explotación. En el campo, había que roturar el suelo y eliminar selva para plantar nuevos cañaverales, sembrar los esquejes y regarlos periódicamente, y cosechar manualmente a base de machete. Todo ello bajo un sol tropical implacable y con la labor añadida de cultivar sus propios alimentos en las escasas horas libres de que disponían. Luego, en los trapiches, tocaba moler las cañas y hervir su jugo en grandes calderos de cobre, hasta obtener un jarabe que se depositaba en los moldes de cerámica donde el azúcar cristalizaba al enfriarse. Y aún quedaba procesar la melaza sobrante, fermentándola y destilándola, para elaborar el ron que tan importante resultaría para el Imperio Británico. Sus tropas llegaron a consumir veinte millones de litros en un solo año.

Curiosamente, al menos de inicio, los esclavos africanos no soportarían en solitario los rigores de estas duras actividades. Al lado de ellos, sobre todo en las colonias inglesas, tuvieron a europeos libres emigrados a América bajo la figura del sirviente por contrato. Estos normalmente eran infortunados que no podían pagarse el pasaje y saldaban su deuda trabajando sin remuneración por un periodo determinado, habitualmente entre cuatro y siete años. Y aquí, topamos con una extraña paradoja que nos habla del porqué de un fenómeno tan cruel, y al mismo tiempo tan insólito, como la trata de negros transatlántica. A pesar de que los esclavos africanos presentaban serias desventajas con respecto a los braceros europeos, como no hablar la lengua de sus patronos o carecer de incentivo alguno para realizar sus faenas de forma eficiente más allá del látigo de nueve colas, acabarían por convertirse, muy a su pesar, en la mano de obra preferida de las plantaciones.

Existen varios motivos que explican esta elección que llevó a morir esclavizados a millones de seres humanos. El primero lo encontramos en los propios condicionantes de la época. El siglo XVII fue un periodo terrible para Europa, lleno de hambrunas, guerras y conflictos sociales, entre otras cosas porque el enfriamiento provocado por la llamada Pequeña Edad de Hielo se mostró particularmente acusado a mitad de esa centuria. Estas calamidades generaron multitudes dispuestas a emigrar para huir de la miseria, circunstancia que se daría en menor medida durante el más apacible siglo siguiente. Pero uno segundo, acaso más importante, hemos de buscarlo en dos minúsculos polizones que, sin nadie advertirlo, acompañarían a los desdichados africanos que atravesaron el Océano Atlántico amontonados en las bodegas de un barco negrero.

Cuando los europeos penetraron en América, acarrearon consigo una batería de enfermedades infecciosas que desencadenaron una verdadera catástrofe demográfica. El Nuevo Mundo había permanecido aislado del bloque euroasiáticoafricano por más de quince mil años y sus habitantes no contaban con las defensas necesarias para luchar contra unos gérmenes desconocidos en el continente hasta ese momento. La viruela, la peste, el sarampión e incluso la gripe provocaron tales estragos que la población indígena llegó a verse reducida en nueve décimas partes. Pero es que, además, en cuanto comenzó la trata de esclavos con la que los conquistadores intentaron paliar los efectos de la hecatombe en la fuerza de trabajo disponible, se inició una segunda fase de ese macabro intercambio colombino que cambió para siempre las condiciones de vida de amplias zonas de sus trópicos. Esta nueva etapa sería protagonizada por la malaria y la fiebre amarilla, dos asesinos silenciosos procedentes del África Occidental para los que los esclavos oriundos de aquella región presentaban importantes ventajas adaptativas.

Contra la malaria eran fundamentalmente genéticas, fruto de la convivencia de sus ancestros con esa enfermedad durante milenios. Y contra la fiebre amarilla adquiridas, pues la habían padecido en su niñez, edad a la que esta infección vírica resulta mucho más benigna, y habían quedado inmunizados. Sea como fuere, una vez que las dos plagas se asentaron en el Caribe, toda la región se volvió tremendamente insalubre para los europeos y los indígenas americanos, pero no para los africanos. Mientras que unos se enfrentaban por primera vez a esos males, y sufrían por ello una gran mortandad, los otros continuaban en un ambiente patogénico al que estaban habituados y que acabó por granjearles una fama de invulnerabilidad que sería su perdición.

Porque ellos también morían, como pudimos comprobar en el texto de fray Bartolomé de las Casas. Las horrendas condiciones de trabajo a las que eran sometidos terminaban por minar su salud. Por eso se rebelaban con frecuencia y escapaban en grandes grupos para formar quilombos que lograban oponerse con éxito a sus antiguos amos. La mayoría de estos negros cimarrones poseían experiencia militar, no en vano muchos habían sido esclavizados como prisioneros de guerra, y su resistencia constituyó un auténtico quebradero de cabeza para las administraciones coloniales. Buen ejemplo de ello es el proceso de emancipación de Haití, si bien su triunfo le salió caro. El sangriento desenlace del levantamiento esclavo horrorizó de tal modo a las potencias europeas que sus gobernantes decidieron dejar a la joven nación completamente fuera del concierto internacional.

Hall County, Nebraska, 17 de octubre de 1940. Dos niños trabajan en un campo de remolacha azucarera [Records of the Office of the Secretary of Agriculture. US National Archives].

La independencia haitiana supondría, además, un importante punto de inflexión en el mercado del azúcar, al servir de detonante de un descubrimiento que iba a alterar de manera sustancial la oferta disponible de este edulcorante. Tras la pérdida de su antigua colonia, Francia se vio obligada a encontrar una alternativa para saciar el ansia de dulce de sus súbditos, con el agravante añadido de tener las comunicaciones marítimas cortadas debido al bloqueo de la armada británica. Hablamos de un problema que alcanzaría el estatus de asunto de estado, pues el propio Napoleón Bonaparte se involucraría en su resolución. Primero envió una comisión a Prusia, donde poco antes se había descubierto el potencial de la remolacha como fuente azucarera y ya existía una refinería que rendía pequeñas cantidades del compuesto. Y luego, en 1811, promulgó un edicto que ordenaba el cultivo a gran escala de esa planta, al tiempo que encomendaba a sus científicos la búsqueda de fórmulas que mejorasen el proceso. Incluso ofreció el nombramiento de Barón del Imperio como recompensa al primero que lograse el objetivo, premio que finalmente recayó sobre el banquero y naturalista aficionado Jules Benjamin Delessert.

Tras las guerras napoleónicas, buena parte de los países europeos se sumaron a la apuesta francesa por la remolacha y, para finales del siglo XIX, la mayoría del azúcar consumida en el continente se originaba en sus campos gracias a esa planta. No sería este el único cambio que acontecería en aquella época de transformaciones enormes, aún ocurriría otro más importante: el fin de la institución que había sostenido el sistema de plantaciones. Reino Unido daría el primer paso, al prohibir en 1807 la trata de negros en sus territorios y abolir totalmente la esclavitud tres décadas más tarde, concretamente en 1834. Con ello, más que ofrecer al mundo un bello gesto de índole humanitaria, reconocía de una vez por todas las indudables ventajas de recurrir a los servicios de trabajadores libres asalariados, y por tanto sujetos a incentivos capaces de mejorar su rendimiento. A partir de ahí, el ejemplo británico cundiría en el resto de naciones europeas, si bien unas se resistirían más que otras. Verbigracia, nuestro propio país, que curiosamente iba a utilizar durante este periodo más esclavos que en los años dorados de su imperio. La razón de nuevo debemos buscarla en el azúcar. Una vez que sus posesiones americanas quedaron reducidas a Cuba y Puerto Rico, España se acordó de las posibilidades económicas de este compuesto y adoptó hasta una fecha tan tardía como 1886 el mismo modelo esclavista que ya había perdido vigencia en el resto de islas caribeñas.

Sello postal impreso en Checoslovaquia que muestra remolacha azucarera, una taza y terrones de azúcar, c. 1961.

Hoy en día, el comercio de seres humanos que una vez formó parte de nuestro acervo cultural nos es totalmente ajeno. Pero no sucede lo mismo con la pasión por el dulce que lo espoleó. Esa permanecerá siempre a nuestro lado, incapaces de satisfacerla plenamente. Si hace dos siglos se producían mundialmente medio millón de toneladas de azúcar al año, y hace uno habían aumentado a seis millones, actualmente rebasan las ciento sesenta millones. Tres cuartas partes de ellas salen de cañamelares tropicales, donde ya no trabajan esclavos, pero sí braceros que se afanan de sol a sol por sueldos míseros, si bien Europa mantiene su confianza en la remolacha. Ni siquiera las crecientes evidencias científicas que relacionan el consumo excesivo de esta sustancia con distintas enfermedades han frenado su escalada. Todos queremos nuestra ración de un sabor tan asociado al placer como incitador a la desmesura.

Una elegante joven fumando un cigarrillo [Everett].

5. CAFÉ, COPA Y PURO

Un cortado, aunque había quien se decantaba por un solo o un con leche, un brandy, si bien el anís, el orujo o incluso el *whisky* también contaban con sus adeptos, y un purito, por más que las ocasiones señaladas demandasen un buen habano y las mujeres se tuviesen que conformar con un cigarrillo. Ahí está la sobremesa soñada de nuestros abuelos. En España, hasta hace poco, no había comida de celebración que no terminara en una animada tertulia aderezada por los efectos combinados de esta terna de vicios confesables. O lo que es lo mismo, de las moléculas que dan sentido a su uso, la cafeína, el alcohol etílico y la nicotina.

No deja de resultar curioso ver cómo estas tres sustancias han llegado a una situación de privilegio inalcanzable para el resto de los estupefacientes. No solo son los más consumidos en el mundo. Su legalidad goza de un grado de aceptación social que choca con el estatus de otras drogas no más lesivas para el cuerpo humano. Incluso con las restricciones actuales al tabaco, más de mil millones de fumadores continúan con ese hábito, a pesar de las juiciosas indicaciones sanitarias en su contra. Y cabría preguntarse, ¿siempre fue así? ¿Nunca despertaron rechazo? ¿Ni siquiera al comienzo de su empleo? No estará de más recorrer su largo y a veces tortuoso camino histórico para comprobarlo.

Eso nos lleva, indefectiblemente, a la noche de los tiempos, pues muy probablemente el alcohol formó parte del acervo cultural de nuestros ancestros desde su propio origen. Este embriagante se produce de forma natural por fermentación de los azúcares presentes en numerosos frutos, y hoy sabemos que existen varias especies animales que gustan de sus efectos. No obstante, si nos atenemos a lo meramente demostrable mediante el estudio de los vestigios arqueológicos, solo estamos en disposición de constatar la elaboración de bebidas alcohólicas desde hace unos diez mil años, lo que nos situaría a inicios del Neolítico. Y, si queremos ceñirnos a nuestro entorno geográfico, sin duda debemos centrarnos en los dos fermentados por antonomasia de la cultura occidental, la cerveza y el vino.

Una procedente del grano y el otro de la uva, ambos han desempeñado un significativo papel en los pueblos que los han utilizado, aunque de manera diferente. La primera empezó su andadura cumpliendo una función básicamente alimenticia. Era preparada en cada casa, nutría y suponía un buen sustituto al agua, normalmente insalubre y fuente habitual de enfermedades. Por ello, se convirtió en compañera fiel de las clases humildes. El segundo también satisfacía los dos últimos propósitos, pero el carácter estacional de la vendimia y la necesidad de una infraestructura más compleja para su fabricación lo hizo un artículo de lujo, de modo que en el Egipto de los faraones quedó reservado a las élites, si bien en zonas productoras como Grecia tuvo un uso más amplio.

Esta constante presencia en la vida cotidiana pronto se trasladó a otros ámbitos. Entre ellos destacan el económico y el religioso, no en vano las tasas impuestas a estas bebidas ya contribuían a sostener el estado en la Antigua Mesopotamia, y su valor ceremonial se ha manifestado tanto en deidades como en ritos —véanse los pretéritos dioses Dioniso y Baco o la todavía vigente eucaristía cristiana—. Y así, el alcohol penetró por todos los estratos de nuestra civilización, hasta quedar íntimamente ligado a ella. Su ascendiente resulta patente incluso en los escasos ejemplos de rechazo que ha sufrido, como ocurre con el islam, puesto que esa prohibición musulmana estuvo influenciada por una voluntad de establecer elementos distintivos con respecto a otros credos.

Una vez comentada la implantación de nuestro primer protagonista, avancemos ahora a esa época de enormes cambios que fue el siglo xv. Aquel periodo revolucionario presenció todo tipo de innovaciones tecnológicas, incluidas varias relativas al asunto que nos ocupa. Verbigracia, el nacimiento de los licores de alta graduación. La destilación llevaba descubierta quinientos años en la órbita árabe, pero nadie la había utilizado a tal fin hasta que un natural de los territorios que componen la actual Alemania se decidió a ello. Al resultado de ese experimento se le acabaría por denominar brandy, en una derivación de la expresión germana *gebrandt wein* —vino quemado—.

En cualquier caso, es evidente que esta invención palidece ante la magnitud de lo acontecido a finales de dicha centuria. En 1492, tres naves españolas, en busca de una ruta alternativa hacia las riquezas de oriente, se toparon con un continente vasto e inédito y desencadenaron una brutal sacudida sobre el planeta. El encuentro entre el viejo y el nuevo mundo resultaría tan traumático para unos, con los indígenas americanos a la cabeza, como fructífero para otros, sobre todo europeos, y conduciría a una larga era de dominio por parte de estos últimos. Aunque, por supuesto, si aquel momento estelar interesa en este relato es, principalmente, porque provocó la entrada en escena del segundo de nuestros protagonistas.

A continuación, una historia que camina entre el mito y la realidad. Se cuenta que, durante el primer viaje de exploración colombino, y una vez llegados a la isla de Cuba, dos de sus tripulantes, Rodrigo de Jerez y Luis de Torres, se habrían aficionado a fumar unos pequeños rollos de hojas secas que los nativos acostumbraban a ofrecer como muestra de hospitalidad. Y que esa extraña práctica habría llevado al primero de ellos a la cárcel tras volver a su tierra natal, al ser castigado por la Inquisición bajo el criterio de que «solo Satanás puede conferir al varón la facultad de expulsar humo por la boca». Como colofón, a su salida de prisión tres años después, el pobre tipo habría visto cómo ese hábito se había generalizado entre sus paisanos durante el cautiverio.

Verídica o no, esta curiosa anécdota ejemplifica acertadamente tanto la capacidad adictiva de la nicotina, como la desconfianza con la que el tabaco fue recibido en ocasiones. De lo primero da buena cuenta la velocidad con que la planta se propagó por el globo. Unas décadas después de su aparición en Europa, no solo se había extendido su empleo por todo el continente, sino también al resto del mundo. Los portugueses la habían dado a conocer en África y el Índico, y los españoles en China a través de las islas Filipinas. En cuanto a lo segundo, entra dentro del efecto acción-reacción que sigue a cualquier éxito desmedido, y que en aquel caso se tradujo en no pocas ilegalizaciones. Durante la primera mitad del siglo XVII, las autoridades de lugares tan dispares como Inglaterra, Sajonia, Rusia, el Imperio Otomano, Persia, China o Japón dictaminaron prohibiciones de distinto calado sobre esta mercancía por entonces exótica.

Birmingham, Alabama, fotografía de Lewis
Wickes Hine, noviembre de 1910.

Pero, claro, esa ola represiva iba a chocar con la creciente popularidad de la nueva costumbre, por lo que paulatinamente se fue sustituyendo por un acercamiento más pragmático y racional, consistente en tolerar el consumo y recaudar impuestos a su costa. Una aproximación entre cuyos precursores encontramos a nuestro país, que de hecho llevaría la estrategia al extremo. En 1636, con las arcas vacías a causa de los gastos derivados de la Guerra de los Treinta Años, la Corona Española instauró el estanco del tabaco en Castilla, que más tarde sería ampliado a

Navarra y a los antiguos territorios de la Corona de Aragón. La normativa implicó la asunción por parte del estado del proceso de fabricación y distribución de este artículo mercantil, en un monopolio que incluyó la propia venta. Para ello, se restringió su cultivo a las colonias americanas, situación contraria a la decretada años antes para el vino, y se fundó la Real Fábrica de Sevilla, donde al gusto de la época se elaboraba tabaco en polvo a partir de hojas secas transportadas desde ultramar.

Turno ya para el último de nuestros protagonistas. Tres son las fuentes de cafeína introducidas en Europa durante la Edad Moderna —por orden cronológico, chocolate, café y té—, en una adición que a la larga generaría cambios profundos en la vida de sus habitantes. Pensemos que nuestro continente careció hasta ese momento de sustancias estimulantes, y que los fermentados constituían la única alternativa viable al agua sin tratar. Por ello, el terreno se presentaba abonado a cualquier bebida que aliviara la dependencia forzosa al vino y la cerveza, especialmente si a la par era capaz de mitigar el cansancio y la somnolencia. Aunque, eso sí, una vez más hubo que atravesar la, aparentemente obligada, fase de aclimatación.

Esta se revelaría particularmente rigurosa para el café, que antes de convertirse en parte integral de la rutina diaria de media humanidad sufrió una buena ración de recelos y prohibiciones. Comenzando por la cultura árabe que descubrió su uso a finales de la Edad Media, y pasando por la Europa de los siglos XVII y XVIII que lo adoptó, en ambos escenarios pagó el consabido peaje de la novedad en forma de ilegalizaciones y campañas contra su empleo. Y en ambos casos este rechazo se entremezcló con la causa política, al haberse transformado las casas de café en núcleos de agitación social y debate. Algo que, sin embargo, afectaría en mucha menor medida al chocolate, procedente de Mesoamérica, y al té, de origen oriental, cuyos más tenues efectos vigorizantes acaso resultaron menos amenazadores para el poder establecido.

Sea como fuere, y por distinto camino, nuestros tres protagonistas llegaron a la Edad Contemporánea en una posición definitivamente asentada. Si bien eso no significa que la manera en que nos hemos relacionado con ellos no haya seguido variando. La Revolución Industrial, por ejemplo, supuso un verdadero antes y después. El desarrollo tecnológico asociado a este periodo permitió la estandarización de los procesos de fabricación, modificación que a su vez provocó tanto el abaratamiento de los costes como el incremento de la producción. Lo que, en el caso del alcohol, conllevó un inevitable aumento en el consumo, circunscrito además a los cortos espacios de ocio tras la jornada laboral. De ese modo, al mismo tiempo que el *pub* irrumpía como gran centro de reunión proletario, el alcoholismo quedaba identificado como censurable lacra social y, al menos en los estados de mayoría protestante, emergían distintos movimientos por la templanza que a la postre se demostrarían muy poderosos.

De igual forma, la mecanización también alteró los gustos respecto al tabaco, al promover el ascenso de un nuevo actor principal que bien merece unas palabras. Habíamos dejado la Real Fábrica de Sevilla en su fundación, y volvemos a ella a mediados del siglo XIX, transmutada ya en mastodóntica factoría con cerca de veinte mil empleados. Entre ellos, muchas mujeres, cuyos dedos finos las hacían hábiles operarias, y sobre todo recibían sueldos más bajos. De la contemplación de aquellas trabajadoras en ropa interior a causa de la canícula proviene el sensual mito de Carmen, y de su costumbre de fumar papelotes, tabaco picado enrollado en papel barato, una moda de la bohemia parisina que internacionalizaría esos canutillos con el nombre de *cigarettes*.

El espaldarazo final, no obstante, se lo darían al alimón la automatización manufacturera y los conflictos bélicos. En 1880, se puso en marcha la primera máquina de confeccionar cigarrillos, lo que multiplicó exponencialmente su número en circulación. Y, tres décadas después, media Europa se alzó en armas contra la otra media, y entre ambas llenaron los campos de batalla de adictos a la nicotina. Durante la Gran Guerra, fumar se convirtió en una de las actividades más habituales de las trincheras, al ayudar a soportar la espera, confraternizar y matar el hambre, por lo que las principales naciones combatientes incorporaron a sus raciones de soldado este formato tabaquero fácil de producir y transportar.

Como otro tanto podríamos decir de las bebidas alcohólicas, que, de manera similar a lo que acontece en cada contienda, regaron profusamente los frentes para mantener alta la moral de las tropas. Aunque aquí sí encontramos una excepción, pues el ejército estadounidense se quedó sin su parte. La razón debemos buscarla en los mencionados movimientos por la templanza, cuya fortaleza en ese país derivó en varias normativas de orden restrictivo. De ellas, unas se revelaron afortunadas, como la limitación de venta de licores a los mayores de catorce años, pero otras profundamente erróneas.

La llamada ley seca, que prohibió la elaboración, venta e importación de bebidas alcohólicas dentro de sus fronteras, estuvo vigente en los Estados Unidos de 1920 a

1933. Catorce años tristemente célebres que espolearon el crimen organizado, la violencia en las calles y la corrupción pública a cotas desconocidas en esa nación, justo lo contrario de lo que se pretendió con ella. Por eso, cuando la Crisis del 29 puso de nuevo las cosas en su sitio, al necesitar la administración los ingresos a través de impuestos que había perdido debido a la medida, apenas hubo voces que objetaran su revocación.

Campaña de publicidad clásica de Coca-Cola.

Pero sigamos adelante, acercándonos poco a poco al presente. Tras la Segunda Guerra Mundial, que de algún modo supuso la ratificación a nivel global de las tendencias iniciadas en el gran conflicto anterior respecto al alcohol y el tabaco, los países desarrollados ahondaron en su modelo basado en la sociedad de consumo, con lo que el volumen de negocio de las distintas versiones de nuestros tres protagonistas se dilató. Aunque, de nuevo, circunstancias inéditas vendrían a modificar el panorama. Pensemos, por ejemplo, en la llegada de la televisión y lo que provocó. Las horas de ocio hogareño aumentaron y, con ello, la costumbre de beber en casa. Claro que este cambio hubiese sido más complicado sin la invención de las latas de cerveza, que empezaron a comercializarse en 1935. Hoy, buena parte de este fermentado se vende en *six packs*, cuando hace un siglo casi toda se ingería en bares y *pubs*.

En lo que refiere a la cafeína, igualmente observamos una evolución, que incluye la aparición de nuevos actores y nichos de mercado. Ahí tenemos la Coca-Cola como muestra, nacida como tónico a finales del XIX pero transformada en artículo de masas en la centuria siguiente. Con la singularidad, además, de estar particularmente dirigida a niños y jóvenes. Un camino por el que también transitan últimamente las autodenominadas bebidas energéticas, si bien con más polémica. No en vano, una lata de medio litro de este tipo de refrescos equivale en capacidad estimulante a la suma de dos tazas de café cargado y quince sobres de azúcar. Que cada cual juzgue su idoneidad, y más a edades tempranas.

Finalicemos volviendo al tabaco y, más en concreto, a su relativo declive actual. La luna de miel ser humano cigarrillo concluyó en la década de los cincuenta del siglo pasado, con la publicación de varios estudios científicos que vinculaban esta práctica con el cáncer de pulmón. Pero lo que debería haber implicado un vuelco, quedó en ligero vaivén, al hacer la industria del sector todo lo posible por ocultar la conexión. A pesar de conocer los graves problemas de salud que ocasionan sus productos, las compañías tabaqueras redoblaron sus esfuerzos en promoción, con el agravante añadido de enfocarla al público juvenil. Su objetivo, atrapar clientes con muchos años de adicción por delante. Y para ello no dudaron en centrar sus campañas en dos campos especialmente apreciados por este sector de la población, los eventos deportivos y la música rock. No es de extrañar, por tanto, que cuatro décadas después se tuvieran que enfrentar a un sin número de demandas judiciales, al menos en los Estados Unidos. Ni que finalmente se vieran obligados a indemnizar con pagos multimillonarios a los afectados por esa conducta infame.

Este escándalo, y la acumulación de pruebas confirmando los daños que causa, ha propiciado un progresivo endurecimiento de la legislación concerniente al tabaco, que hoy día en España impide tanto su consumo en locales públicos como su publicidad. Como también ha motivado un cambio de percepción con respecto al hábito y, en consecuencia, un acusado descenso en el número de fumadores. Aun así, entre cinco y seis millones de personas en el mundo, y cerca de sesenta mil en nuestro país, mueren anualmente por enfermedades que derivan de esta costumbre. Sumemos esa cantidad a los tres millones globales, y algo más de treinta y cinco mil patrios, que genera el abuso del alcohol, y nos queda una cifra de fallecimientos increíblemente alta para dos sustancias de profundo arraigo social.

Hasta aquí, el repaso a la relación del ser humano con los que el paso del tiempo ha convertido en sus estupefacientes de referencia. Acabo con una puntualización. Que nadie considere este texto una argumentación en favor de hipotéticas ilegalizaciones. Como nos enseñó la ley seca estadounidense, y nos recuerda la presente situación del crimen organizado internacional, las prohibiciones acarrean un coste altísimo. A saber, criminalizan a los adictos, provocan que las drogas sean consumidas en sus versiones más concentradas, y por tanto más nocivas, y ponen su tráfico en manos de indeseables. Al menos, la cafeína, el alcohol y la nicotina no tienen que cargar con esa losa.

6. EL SECRETO DEL GIN TONIC

Hay escenas que explican la trayectoria de un país. Jardín Botánico de Madrid, agosto de 1861, interior de uno de sus cobertizos. Un hombre de unos treinta años contempla asombrado las decenas de cajas que permanecen allí amontonadas. No comprende cómo parte de la mejor ciencia europea del Siglo de las Luces puede compartir espacio con los aperos de labranza. En su tierra, desde luego, jamás ha visto desatino semejante. Esta dejadez no solamente supone una deshonra para la institución que debería velar por la conservación de esas joyas de la historia natural, sino también un despilfarro para la nación que las financió en mejores días. Cortesía obliga, en cualquier caso, por lo que, en vez de expresar sus críticas, pide ayuda a los jardineros con un peculiar castellano aprendido al otro lado del Océano Atlántico. La obtendrá, puesto que porta una carta de recomendación del director de los prestigiosos Jardines de Kew de Londres.

Los tiempos han cambiado. No hace tanto, esta colaboración hubiese resultado inviable. Pero ni España es ya un imperio ni considera la ciencia un apoyo fundamental para mantener una posición de supremacía en el panorama internacional. Posiblemente, esto explique por qué nadie en medio siglo ha sido capaz de organizar los materiales recopilados por las célebres expediciones botánicas realizadas durante el reinado de Carlos III. Aunque acaso simplemente se deba al temor a enfrentarse al ingente trabajo que espera a quien lo intente. Del Virreinato del Perú,

Hipólito Ruiz y José Pavón regresaron con 2.000 dibujos y 3.000 descripciones de plantas que, al menos, publicaron parcialmente en vida. Pero José Celestino Mutis murió en Nueva Granada dejando 4.000 páginas manuscritas y 7.000 ilustraciones de 2.700 especies vegetales diferentes, que se trasladaron a Madrid deprisa y corriendo poco antes de que la colonia lograse su independencia. Ahí las tiene, criando polvo en los mismos arcones en que fueron enviadas.

Sir Clements Robert Markham.

El grupo se pone manos a la obra. Trabajando como un auténtico equipo, los operarios del jardín van separando cajas del montón mientras que el visitante evalúa su contenido. Lo hará de un simple vistazo, ya que el tiempo apremia. En alguna parte del desbarajuste se esconde el único motivo de su viaje: la mejor colección sobre el árbol de la quina que existe en el mundo. Y él no dispondrá más que de unos pocos días para estudiarla, debido a que el deber para con su país le reclama en la India. Allí le esperan centenares de plantones de ese vegetal incautados en diversas partes de Sudamérica.

Al cabo de varias horas, la tarea de los jardineros españoles ha concluido. No así la del invitado inglés, que en ese instante comienza realmente la suya. Ya en solitario, Clements Markham, pues así se llama nuestro protagonista, examina con todo el detenimiento que le es posible los materiales seleccionados. Necesita ampliar sus conocimientos sobre las decenas de variedades que existen de este árbol y los entornos en los que crece cada una. Toda información es poca cuando la propia suerte del Imperio Británico puede estar en juego. Continuará por ello durante varias jornadas entre antiguos herbarios y manuscritos, y aún regresará cinco años más tarde para completar su escrutinio.

Hasta aquí la escena, retrocedamos ahora en el tiempo para enmarcarla. Pero, ¿qué momento escoger entre todos los posibles dado que vamos a hablar de la enfermedad con mayor impacto en la historia del ser humano? Podríamos remontarnos hasta el Neolítico, cuando los cambios asociados al desarrollo de la agricultura aumentaron enormemente la incidencia de la malaria en su lugar de origen, el África Occidental. O tal vez hasta la Grecia Clásica, cuando a pesar de no conocer su causa, para eso habría que esperar a finales del siglo XIX, la escuela hipocrática describió los síntomas de las fiebres tercianas con precisión. Por acotar la cuestión, sin embargo, nos conformaremos con empezar por el Perú colonial, donde en 1633 se publicó la primera crónica que menciona el «árbol de las calenturas».

Poco se sabe de los inicios del uso de la corteza del árbol de la quina como antipalúdico. Relatos míticos como el de la curación de la condesa de Chinchón, que hizo fortuna durante siglos, se han demostrado falsos. Tan solo podemos conjeturar una probable búsqueda por parte de los indígenas del área andina de un remedio contra las fiebres intermitentes que comenzaron a sufrir tras la conquista, pues la malaria no existió en América hasta el arribo de los españoles, y la posibilidad de que ya empleasen previamente la corteza de este árbol como febrífugo. Sí podemos afirmar, en cambio, que la «cascarilla del Perú» llegó a Europa por la época de su primera referencia escrita de la mano de los jesuitas, que controlaron durante décadas un lucrativo negocio alimentado por la presencia de estas fiebres en buena parte de Europa. Así es, hoy ya lo hemos olvidado, pero el paludismo fue un mal endémico en amplias zonas de nuestro continente hasta mediados del siglo XX. Por poner un simple ejemplo, en la España de 1943 se registraron 400.000 casos y 1.300 muertes por esa enfermedad. No es de extrañar, por tanto, que este medicamento alcanzase fama rápidamente y su utilización se volviese habitual, al menos para quien podía pagarlo, primero en España y Roma y luego en el resto del mundo católico.

Esta creciente demanda todavía aumentaría más una vez desaparecieron los recelos que en el ámbito protestante causó un remedio promovido por la Compañía de Jesús y, llegados a la segunda mitad del siglo XVIII, la corteza del árbol de la quina se había convertido en uno de los principales artículos indianos, suponiendo en torno al dos por ciento de todas las importaciones procedentes de Sudamérica. La mayoría de ella salía de los bosques andinos del valle de Loja, al sur del actual Ecuador, donde cascarilleros indígenas la recolectaban y transportaban a lomos de mula hasta los puertos del Virreinato del Perú, en los que embarcaba rumbo a la metrópoli previo paso por el istmo de Panamá. Poco se conocía, no obstante, sobre la especie vegetal que reportaba tales beneficios, una cuestión no menor que la Corona Española trató de paliar durante su periodo ilustrado.

El reinado de Carlos III representó uno de esos escasos momentos en los que nuestro país se percata de la poca atención que dedica a las ciencias y trata de ponerse al día. Conseguiría su objetivo, dado que políticas audaces e inversiones generosas irían de la mano en este caso. Así lo reflejó el sabio alemán Alexander von Humboldt en lo referente al campo de la botánica, cuando dejó escrito «ningún gobierno europeo ha invertido sumas mayores para adelantar el conocimiento de las plantas que el gobierno español.» Con ese dinero, se pondrían en marcha diversas expediciones que recorrieron los distintos territorios ultramarinos del imperio, con intención de catalogar una flora en gran parte ignorada hasta entonces. Y si bien la labor desarrollada fue mucho más allá del mero utilitarismo de estudiar especies con posibles beneficios económicos, el árbol de la quina se convertiría en uno de los protagonistas de este monumental empeño.

Por desgracia, las dos expediciones que se ocuparon de investigar las numerosas variedades de este árbol no congeniaron bien y, en vez de sumar esfuerzos, acabaron tirándose los trastos a la cabeza. Una pena porque, visto en perspectiva, podían haberse complementado perfectamente. Mientras que la del Virreinato del Perú, dirigida por Hipólito Ruiz y José Pavón, abarcó las regiones tradicionales de recolección de cascarilla, la de Nueva Granada, a cargo de José Celestino Mutis, descubrió nuevas áreas de distribución de esta especie que despertaron particular interés por sus ventajas a la hora del transporte a España, si bien quedaba por ver su eficacia frente a las fiebres. Y aquí surgieron los problemas, ya que ambos equipos clasificaron de manera diferente las variedades de quina que hallaron en su territorio, y criticaron abiertamente las conclusiones del contrario. El desencuentro formaría dos bandos irreconciliables entre los botánicos de Madrid, que se fueron posicionando a uno u otro lado movidos muchas veces por simples afinidades personales. Un frentismo muy nuestro que lastró los réditos tanto científicos como económicos que deberían haber acompañado al titánico trabajo de campo realizado pero que, para ser justos, se vio agravado por circunstancias todavía más negativas. Cuando llegó el momento de sacar a la luz la enorme cantidad de datos recogidos, había transcurrido demasiado tiempo y nuestro país se encontraba en una situación poco boyante, por lo que se fue haciendo a cuentagotas. Poco después, la invasión napoleónica iniciaría en España una época desastrosa, con pérdida de la mayoría de las colonias americanas incluida, que sepultó definitivamente el material recopilado en oscuros almacenes donde nadie se acordaría de ellos hasta bien entrado el siglo XX.

Nadie en España, al menos. Ya conocemos la escena que nos ocupa. La entrada en el siglo XIX no sentó nada bien a nuestro país, que volvería a encerrarse en sí mismo y a olvidarse del progreso científico, pero no así al resto del continente. A lo largo de esta centuria, las principales potencias europeas se lanzaron a la conquista del mundo y, con ello, aumentaron sus necesidades de cascarilla debido a la alta incidencia de la malaria en los trópicos, lo que hizo evidente un problema que tarde o temprano tenía que aparecer dado que se estaba explotando una especie silvestre. Cada vez era más difícil encontrar árboles de la quina en los bosques andinos. Las alarmas saltaron definitivamente en la década de 1850, cuando el precio de este remedio subió de manera patente. Aunque, para ser exactos, habría que decir que lo que aumentó fue el coste de su principal principio activo, la quinina. Tres décadas antes, los farmacéuticos franceses Pierre Pelletier y Joseph Caventou habían desarrollado un método para extraer este producto natural de la corteza de la quina, iniciando una nueva etapa en el tratamiento del paludismo.

La sustitución de la fuente natural en bruto, la cascarilla, por su principio activo, la quinina, había conllevado dos ventajas obvias, simplificar su transporte y permitir conocer las dosis administradas con precisión, y otra menos evidente pero igual de importante, la posibilidad de identificar las variedades de quina con mayor contenido de este alcaloide. También había derivado en el nacimiento de una todavía rudimentaria industria farmacéutica, pues en distintos países de Europa se habían abierto factorías que procesaban corteza procedente de Sudamérica para aislar el nuevo fármaco de referencia contra las fiebres. Pero, por supuesto, no había mejorado el problema de escasez de materia prima. Particularmente preocupadas por la cuestión se encontraban Holanda y Reino Unido, que pensaron una misma medida para solucionar el inconveniente: cultivar el árbol de la quina en sus dominios. Y aquí, en los intentos de lograr este peliagudo asunto, es donde ubicamos al protagonista de nuestra escena.

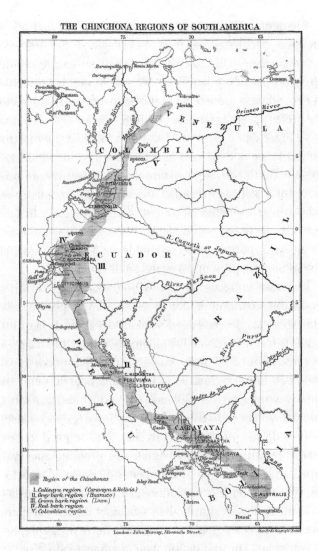

Mapa del libro sobre el árbol de la quina: *Peruvian bark : a popular account of the introduction of chinchona cultivation into British India, 1860-1880* (*Corteza peruana: un relato popular de la introducción del cultivo de chinchona en la India británica, 1860-1880*), de Clements R. Markham [Wellcome Collection].

Clements Markham fue un historiador metido a botánico circunstancial para mayor gloria del Imperio Británico. Especializado en cultura andina, había recorrido Perú y aprendido español y quechua, lo que le convertía en el candidato idóneo para encabezar un audaz proyecto que pretendía apropiarse de plantones del árbol de la quina en su lugar de origen y trasladarlos a la India. La malaria asolaba la «joya de la corona», por lo que a los funcionarios allí destinados se les suministraba diariamente una ración profiláctica de quinina, que algunos mezclaban con soda, azúcar y ginebra en un *gin tonic* primigenio del que dependía la buena salud de la administración colonial. De ahí la importancia del cometido de Markham que, al mismo tiempo, presentaba multitud de dificultades.

Hagamos un recuento rápido: las trabas de las naciones productoras para no perder su monopolio, lo poco que se sabía sobre las decenas de variedades del árbol de la quina existentes, el traslado de los plantones y su aclimatación a los ecosistemas de destino, cualquiera de ellas podía dar al traste con la operación. Es lo que había ocurrido con las tentativas anteriores de Holanda y Reino Unido, que sobre todo habían chocado con la defensa por parte de los países andinos de sus intereses comerciales. Esta se producía no solamente a nivel gubernamental, con prohibiciones que impedían la salida legal de ejemplares de especies autóctonas, sino también a título individual, ya que los cascarilleros contratados acostumbraban a calentar las semillas para hacerlas estériles y añadir arsénico a la tierra de las plántulas recogidas. Un tipo de sabotaje que había sido efectivo durante años pero que los británicos consiguieron vencer al fin gracias a un exhaustivo control de todo el proceso de recolección.

Entre 1859 y 1861, Markham y su equipo, integrado por botánicos de la talla de Richard Spruce, se adentraron en distintas zonas del norte de Perú y el sur de Ecuador para reunir centenares de plantones de árbol de la quina que fueron embarcando hacia la India. Vivirían momentos de peligro dado lo comprometido de su misión, pero saldrían airosos al sacar ventaja de la inestabilidad política de la región y los sobornos con que calmaron a las autoridades locales que deberían haber imposibilitado su trabajo. También intentaron acceder a Bolivia, de donde procedía una nueva variedad de cascarilla de gran calidad denominada calisaya, pero aquí sí se toparon con una administración firme que les denegó el acceso. Y, en una escala de sus viajes entre Sudamérica y Asia, Markham pasó por España para estudiar las colecciones del Jardín Botánico de Madrid, donde halló abundante información útil para la siguiente fase del programa.

Una vez llegados a la India, los especímenes supervivientes del largo viaje interoceánico debían servir como germen de una plantación concebida para abastecer de quinina a todo el Imperio Británico. Para ello, fueron transportados al sur del subcontinente, hasta las montañas Nilgiri, donde se daba un entorno similar al de los bosques andinos. Y como los futuros árboles se aclimataron bien, el éxito del plan pareció seguro. Pero la vida está llena de imponderables, y acababa de producirse una azarosa circunstancia que iba a dar un vuelco al devenir de esta historia.

En 1861, Charles Ledger se encontraba en Australia enfrascado en uno de tantos negocios ruinosos con los que toda su vida trató de salir de pobre. Esta vez pretendía convencer a los ganaderos de la isla de las bondades de la lana de alpaca, y para ello había realizado la extravagante heroicidad de reunir un rebaño de estos animales en la lejana Bolivia y cruzar con ellos medio mundo. Pero nada podía competir con los rendimientos que proporcionaba la oveja merina, por lo que la empresa estaba destinada al fracaso. Una vez más, se tendría que dar por vencido. Y entonces, al borde de la bancarrota, leyó una noticia en el periódico que creyó capaz de cambiar su suerte.

CHINCHONA NITIDA TREES.
(From a sketch by Mr. Pritchett.)

Ilustración extraída de la obra *Peruvian bark : a popular account of the introduction of chinchona cultivation into British India, 1860-1880* (*Corteza peruana: un relato popular de la introducción del cultivo de chinchona en la India británica, 1860-1880*), de Clements R. Markham [Wellcome Collection].

La llegada a la India de las plantas recolectadas por Markham se vio reflejada en los diarios del Imperio Británico. También su imposibilidad de entrar en Bolivia, prohibición en la que Ledger vio su oportunidad. Él llevaba dos décadas viviendo en el país andino, a donde había emigrado con tan solo dieciocho años en busca de la fortuna que Inglaterra no le podía ofrecer. De hecho, recordaba perfectamente la localización de un espléndido bosque de quinas, de la variedad calisaya, con el que se había topado en una de sus múltiples correrías junto con su inseparable asistente indígena Manuel Incra Mamani. Solo tenían que volver allí y recoger unas cuantas semillas. Así que envió a Mamani una carta explicándole sus intenciones y algo de dinero, y buscó la manera de regresar a Bolivia lo más rápido posible.

El plan de Ledger no resultó como este había calculado, pero acabaría transformando por completo el mercado de la quina. La peor parte se la llevaría Mamani, que pagó con la vida su participación en un negocio ilícito. Tras cumplir el encargo, lo que no le resultaría nada fácil ya que hubo de volver al bosque indicado durante tres años hasta coincidir con el momento adecuado para la recolección, sería apresado por la policía boliviana y torturado cruelmente para que delatara a su patrón. No lo haría, en un valeroso acto de fidelidad que su cuerpo no resistiría pero que permitió a Ledger salir indemne del asunto. Para entonces, este ya había enviado las semillas de calisaya a un hermano residente en Londres, que trató de venderlas sin mucha fortuna. Sus compatriotas no mostraron el menor interés, ya que estaban satisfechos con la marcha del programa liderado por Markham, y solo pudo persuadir a un cónsul holandés, que pagó un precio ridículo teniendo en cuenta el provecho que su nación llegaría a obtener de ellas.

Las semillas cosechadas por Mamani fueron sembradas por los holandeses en la isla de Java, dando inició a una plantación que en pocas décadas monopolizó la producción mundial de quinina. La corteza de sus árboles poseía una cantidad de alcaloide muy superior a la de los cultivados por los británicos en la India, lo que les permitió producir a precios mucho más baratos. Tampoco encontrarían rival en los países andinos, pues estos nunca pasaron de la explotación de ejemplares silvestres. Y así, a principios del siglo xx, todas las naciones compraban el fármaco a Holanda. Incluso Gran Bretaña, que nunca lo produjo en las cantidades que su gigantesco imperio requería, a pesar de que, como el resto de estados colonizadores, no atendía las obvias necesidades de la población autóctona de sus posesiones. La quinina se había convertido en un instrumento de dominación más. Por eso, la existencia de un único proveedor planteó una peligrosa situación de dependencia que, si bien no ocasionó contratiempos de consideración en las etapas de paz, provocó graves conflictos durante los episodios bélicos.

Frasco con pastillas de clorhidrato de quinina de Burroughs Wellcome & Co., Inglaterra [Wellcome Collection].

El mejor ejemplo lo encontramos en la Segunda Guerra Mundial, cuando la campaña japonesa en el Sudeste Asiático dejó a los aliados al borde del colapso. Tras el ataque a Pearl Harbor, los nipones invadieron Singapur y Java y con ello pasaron a controlar los cultivos que producían la inmensa mayoría del caucho y la quinina consumidos en el mundo, dos mercancías fundamentales para el discurrir de la guerra pues todavía no existían equivalentes sintéticos que los pudiesen sustituir con garantías. En lo referente al fármaco, quizá el mejor resumen de la delicada tesitura vivida fuera expresado por el general Douglas MacArthur cuando dijo: «esta será una guerra muy larga si por cada división que tengo enfrentándose al enemigo, debo contar con una segunda división en el hospital con malaria y una tercera convaleciente por esta enfermedad». Como medida de choque, el gobierno de los Estados Unidos requisó todas las provisiones de quinina del país para usarlas en los frentes del Mediterráneo y el Pacífico. Pero sabían que solo se trataba de una solución provisional a la espera de lo que realmente necesitaban, un sustituto. Para su suerte, enseguida lo descubrieron, con la curiosa circunstancia añadida de que serían sus propios enemigos los que inadvertidamente les brindaron la respuesta. Los alemanes llevaban años manteniendo una línea de investigación orientada al desarrollo de antipalúdicos sintéticos, tras sufrir una situación similar durante la Gran Guerra. Y como buena parte de este trabajo se había realizado antes de la llegada de los nazis al poder, los aliados habían tenido acceso a las patentes comerciales registradas. Así que solo tuvieron que poner a punto los procesos industriales de obtención de unos compuestos ya estudiados, en una operación desde la retaguardia que posiblemente les salvó de la derrota.

La Segunda Guerra Mundial constituiría el último episodio en el que la quinina jugó un papel fundamental en la lucha contra la malaria. Si posteriormente se consiguió erradicarla de Estados Unidos y Europa fue gracias a otras herramientas, como la fumigación con insecticidas y los nuevos antipalúdicos sintéticos. Tras tres siglos de empleo, un récord absoluto para cualquier fármaco que cure una enfermedad infecciosa, la eficacia del principio activo de la corteza de la quina había disminuido considerablemente. Las especies de *Plasmodium* causantes de esta plaga se habían vuelto tan resistentes a ella que se abandonó su uso para ese fin. Aunque no desaparecería de nuestras vidas. Todavía le queda un ámbito donde mantiene intacta su fama. Cada día, miles de personas rememoran un hábito iniciado en la India hace más de un siglo. Naturalmente, el agua tónica contiene hoy una cantidad muy inferior de quinina, pues su propósito es simplemente añadir ese toque amargo tan característico del rey de los cócteles. Que disfruten su *gin tonic*.

Chère malade, c'est bien le véritable QUINA LAROCHE;
il vous rendra la santé et vos belles couleurs.

Un médico recomienda a su adinerada paciente beber el tónico de Quina Laroche para recuperar su salud, c. 1880 [Wellcome Collection].

7. LA ÚLTIMA COMPAÑERA: TRAGEDIA EN TRES ACTOS

I

La China de finales del XVIII era un gigante altivo que todavía miraba a las potencias occidentales por encima del hombro. Tras un siglo de bonanza en el que su población se había duplicado, la cantidad de bienes que generaba entre su propio territorio y el de los estados del Sudeste Asiático que le rendían vasallaje la hacían prácticamente autosuficiente. Por ello, se podía permitir rechazar el establecimiento de embajadas foráneas en sus dominios, así como mantener abierto al intercambio con el extranjero un único puerto, el de Cantón. Allí, en un barrio allende sus murallas, se arremolinaban los comerciantes europeos que vivían del tráfico de mercaderías entre los dos continentes. Se dedicaban a exportar artículos de gran demanda en sus países natales, como sedas, porcelana y, especialmente, té.

Cada año, los habitantes de Reino Unido consumían más de cinco millones de kilogramos de este estimulante en hojas secas. Un monto tan enorme que, lo que había nacido como una costumbre inocua, había derivado en un problema de índole nacional. Y es que, financieramente hablando, los británicos se encontraban entre la espada y la pared. Por una parte, China aprovechaba su condición de productor único y solo aceptaba plata como pago en contrapartida. Y por la otra, este metal no les resultaba nada accesible, ya que se extraía fundamentalmente en las minas de la América española.

Así las cosas, las reservas de sus arcas iban paulatinamente menguando y, con ello, la buena salud de su economía. ¿Cómo escapar de este callejón sin salida? El floreciente imperio anglosajón lo tenía claro: volteando la balanza con una mercancía que el coloso asiático no pudiese rechazar.

Una plantación de té en China con mujeres recogiendo y tamizando sus hojas [Wellcome Collection].

Bajo el dominio de la Honourable East India Company, la India se había convertido en uno de los principales exportadores de opio. Los inversores británicos al frente de la compañía sabían perfectamente de las posibilidades de negocio que ofrecía el látex de la adormidera procesado, pues gozaba de un éxito desmesurado en su propio país. Allí, al igual de lo que ocurría desde la antigüedad en grandes áreas del planeta, como el resto de Europa o el mundo árabe, contaba con una aceptación casi generalizada. En una época sin apenas fármacos, este calmante del dolor era lo más cercano que existía a un curalotodo. Al menos aliviaba el padecimiento de los enfermos, por lo que se utilizaba contra todo tipo de males e, incluso, se acostumbraba a suministrar a los bebés llorones.

No obstante, el opio indio competía en occidente con el de otras zonas, como Persia y sobre todo Anatolia, capaces de elaborar un género más potente. Por eso, la compañía había sondeado nuevos caladeros, localizando en oriente uno perfecto para sus intereses. China no solo representaba un mercado inmenso, sino el único donde los británicos no habían podido vender a gran escala un artículo producido en su cada vez más extenso imperio.

Las primeras décadas del siglo XIX traerían consigo un aumento exponencial de las exportaciones de opio indio al gigante asiático. Pese a que las autoridades de Pekín habían prohibido su uso, el flujo se mantuvo tan ininterrumpido como creciente, gracias a los sobornos repartidos por los comerciantes británicos entre los funcionarios de aduanas locales. Se llegarían a gastar fortunas en lubricar esta maquinaria, por la simple razón de que generaba unos beneficios descomunales. De hecho, la balanza de pagos entre las dos naciones se invirtió, y fue China la que pasó a ver cómo perdía en muy pocos años hasta una quinta parte de su plata en circulación.

Curiosamente, el empleo de esta sustancia no constituía un hábito de especial arraigo en el país, pero se extendió de una manera casi epidémica una vez comenzó su auge. A ello sin duda ayudó la forma de consumirla, herencia de la lejana costumbre de los marinos holandeses, presentes en el Sudeste asiático desde el siglo XVII, de añadir algo de opio a su tabaco. Ya en China, y quizá por la inexperiencia de sus habitantes, esta práctica había degenerado en el fumado en pipa de opio puro, lo que proporcionaba un efecto más potente, y por tanto más adictivo, que tomarlo ingerido o bebido tras disolverlo.

Para finales de la década de los treinta, el deterioro de la sociedad china era evidente. Se estima que el número de adictos en su territorio sobrepasaba los dos millones, y la situación financiera se había vuelto insostenible. Tanto, que la corte de Pekín quiso dar un golpe sobre la mesa. Para ello, destinó a Cantón a un duro burócrata, Lin Zexu, con la misión de hacer efectiva de una vez por todas la prohibición sobre el opio. Y este se aplicó a conciencia en la tarea. De inicio, exigió que se le entregasen todas las existencias de la droga almacenadas en la ciudad, que terminaron ardiendo en un acto de escarnio público. Y, luego, cerró el puerto al comercio con los británicos, con la intención de frenar la llegada de nuevas remesas.

Pero, claro, la respuesta rival no tardó en llegar. Enarbolando la bandera del libre mercado, el Parlamento de Londres envió un intimidador contingente formado por dieciséis navíos de combate y veintisiete de transporte, que a su vez alojaban 4.000 soldados y 72.000 litros de ron. Comenzaba de ese modo lo que primero el diario *The Times*, y luego los anales históricos, denominaron la Guerra del Opio.

En realidad, el conflicto no resultó particularmente memorable, ya que la disparidad entre ambos contendientes se evidenció enorme. En resumidas cuentas, un numerosísimo ejército pobremente armado con arcos, lanzas y machetes sucumbió ante una pequeña fuerza bien pertrechada de fusiles y cañones. Sí que se demostraron sustanciales, en cambio, las secuelas que de él se derivaron, pues colocó al otrora orgulloso gigante asiático a merced de las potencias coloniales. El tratado que puso fin a la contienda, firmado en Nankín en 1842, garantizaba las pretensiones de Reino Unido como proveedor de opio, al obligar a China a abrir cinco de sus puertos al tráfico internacional, dejar el de Hong Kong en manos británicas y pagar una onerosa indemnización, nada menos que veintiún millones de dólares plata, en compensación por el opio confiscado y los costes de la guerra.

Guerras del Opio. El 98º Regimiento de Infantería Británica en el ataque a Chin-Kiang-Foo, el 21 de julio de 1842 [Colección Anne SK Brown Military].

Sin embargo, la codicia del ser humano no conoce límites, y a pesar de que durante la década siguiente se duplicaron las exportaciones de opio indio hacia oriente, los empresarios occidentales interesados en comerciar en la zona no se mostraban satisfechos. Entre otras demandas, reclamaban que China legalizase esta sustancia, cuya distribución todavía dependía de los costosos sobornos repartidos entre la administración local. Por esta razón, en 1854 Reino Unido pidió formalmente una revisión del tratado de paz. Y como obtuvo una negativa por respuesta, esperó hasta que un pequeño incidente convenientemente magnificado le sirviese como excusa para reanudar las hostilidades.

Este se produjo un par de años después, cuando la detención cerca de Cantón de un barco contrabandista, el *Arrow*, condujo a una serie de altercados en la ciudad que concluyeron en un tumulto popular y el incendio de varios almacenes extranjeros. Así comenzó una segunda y definitiva Guerra del Opio, en la que los británicos, por si no disponían de suficiente ventaja, contaron con la ayuda de una Francia deseosa a su vez de recibir su porción del pastel.

De nuevo, el ejército defensor se mostraría incapaz de contener la superioridad militar europea y las potencias invasoras pudieron imponer sus reivindicaciones. En cuatro tratados diferentes, dos con las vencedoras Reino Unido y Francia y otros dos con las supuestas garantes de la paz Estados Unidos y Rusia, China se comprometió a legalizar el opio, abrir otros diez puertos al comercio internacional, permitir el libre tránsito de extranjeros por el país y abonar una elevadísima indemnización. Y lo más humillante aún estaba por llegar. Como el novato emperador manchú se negó a ratificar unos acuerdos que consideraba excesivamente lesivos, los atacantes marcharon hasta el mismo Pekín, donde saquearon la metrópoli a conciencia e incendiaron el palacio imperial con todos los tesoros que no lograron acarrear.

Las siguientes décadas resultarían muy penosas para el ya en absoluto altivo gigante asiático. Los tratados desiguales firmados significaban *de facto* la pérdida de su soberanía. Ya no solo era el opio el que entraba sin control por sus fronteras, sino toda una serie de artículos manufacturados que, sin aranceles de por medio, arruinaron la incipiente pero atrasada industria local. Si unimos a esto la losa que representaba el pago de indemnizaciones, obtenemos una economía colapsada sin capacidad para mantener a su cuantiosa población. Por ello, pronto comenzaron a esparcirse las primeras oleadas de emigrantes chinos, primero a trabajar en las minas de estaño y las plantaciones de caucho malayas y luego a las más lejanas industria del guano peruana y construcción de ferrocarriles californiana. Los culíes, como se les nombró, pasaron a ocupar el estrato más bajo de estas sociedades, en las que solo les quedó la opción de desempeñar labores en condiciones infames y a cambio de sueldos miserables.

II

La primera ordenanza contra el opio en suelo estadounidense se aprobó en San Francisco en 1875. Vino en respuesta al rechazo que generaba entre su población un pernicioso hábito recientemente introducido. Las decenas de miles de inmigrantes asiáticos que se hacinaban en el barrio chino de la ciudad no habían escapado de sus antiguos vicios, y los fumaderos de esa droga se contaban por centenares. Eso sí, los artífices de la medida trazaron una línea un tanto arbitraria, acaso movidos por un prejuicio hacia lo extranjero. La prohibición no incluyó otras formas de consumo igual de poco recomendables, pero mejor aceptadas por el conjunto de sus conciudadanos.

Dos ricos fumadores de opio chinos.
Gouache sobre papel de arroz, siglo XIX.

Al igual de lo que ocurría en Europa, el modo más habitual de tomar opio en los Estados Unidos era beber una disolución del mismo en vino llamada láudano. Resultaba barata y fácil de adquirir, y gozaba de la aprobación de la clase médica, que la recetaba con asiduidad. Su público más fiel estaba compuesto mayoritariamente por mujeres, pues encontraban en su uso una alternativa al alcohol que las constricciones sociales de la época les vedaba.

Adicionalmente, dos descubrimientos científicos realizados en ese siglo habían abierto una nueva vía para la administración de este potente analgésico. El primero había tenido lugar a comienzos de la centuria, con el establecimiento de un método para aislar su principio activo más abundante, al que se denominó morfina. Este hallazgo había permitido controlar de forma precisa la dosis de fármaco suministrada, y combinaba a la perfección con el segundo de los logros, la jeringuilla hipodérmica, cuya invención había proporcionado una manera rápida y eficaz de inyectarla.

La dupla morfina jeringuilla había constituido un gran avance en lo relativo al tratamiento del dolor, como había quedado demostrado en la Guerra de Secesión Norteamericana. Ambos bandos la habían utilizado profusamente durante esa contienda para aliviar el sufrimiento de centenares de miles de heridos, situación que se ha repetido desde entonces en la multitud de conflictos bélicos que la han sucedido. Sin embargo, y debido a la intensidad del efecto generado, también había supuesto el inicio de una nueva era en cuanto a la capacidad adictiva de esta sustancia, si bien el problema aún permanecería oculto unas décadas. La epidemia había empezado en el gremio que más familiaridad presentaba con su empleo, los propios médicos, y todavía no se había difundido a otras capas de la sociedad.

En los años siguientes, el tipo de medidas restrictivas inauguradas en San Francisco iría expandiéndose a lo largo del país, sin olvidar sus sesgos. Por eso, en 1902, a consecuencia de la victoria sobre España en la guerra del noventa y ocho y la posterior ocupación de Filipinas, el Senado de los Estados Unidos aprobó una disposición que prohibía la venta de alcohol y opio a todas «las tribus aborígenes y razas incivilizadas», términos que englobaban tanto a indios y esquimales, como a hawaianos, filipinos e inmigrantes chinos. Y como la influencia de la potencia norteamericana sobre el resto del mundo era ya notoria, bajo su liderazgo, se celebraron una serie de cumbres internacionales en Shanghái y La Haya, donde se acordó el endurecimiento de las políticas contra los usos no médicos de los opiáceos y la cocaína.

A resultas de este convenio, las distintas naciones fueron decretando normativas antinarcóticos en sus territorios, como la Ley Harrison de 1914 en los Estados Unidos o una

Real Orden de 1918 en España. En ellas, sí que se incluían las distintas formas de consumir opio y su principio activo morfina, cuyo empleo recreativo cada vez contaba con más adeptos. No obstante, su contenido dejó una importante laguna sin cubrir, en un error que depararía consecuencias desastrosas de cara al futuro.

Pocos años antes, en 1897, dos investigadores de la compañía farmacéutica alemana Bayer, Arthur Eichengrün y Felix Hoffmann, habían desarrollado un proyecto que implicaba una idea muy innovadora para el momento. En un intento de disminuir los efectos secundarios de los analgésicos ácido salicílico y morfina, ambos productos naturales, habían realizado sobre ellos una reacción de acetilación. Con ello, de algún modo, habían tratado de enmendar la plana a la naturaleza, al pretender obtener derivados con mejores propiedades que los principios activos originales. Un concepto que resulta correcto, y que actualmente constituye una herramienta útil dentro del diseño de fármacos, pero que había deparado un desenlace tan inesperado como desafortunado en aquella ocasión concreta.

Con ambos analgésicos, los experimentos de Eichengrün y Hoffmann llevaron a compuestos de características mejoradas. La acetilación del primero condujo al ácido acetilsalicílico, de menor acidez que el principio activo del que provenía y por tanto causante de menos problemas estomacales. Esta optimización culminaría en 1899 con el lanzamiento bajo el nombre de marca Aspirina de uno de los fármacos más exitosos de la historia. Sin embargo, la acetilación de la morfina dio lugar a un derivado todavía más activo y adictivo, justo lo contrario de lo que se buscaba, ya que su mayor solubilidad en grasa facilita su penetración en el cerebro.

Aun así, la heroína, pues así se le denominó, también llegaría a comercializarse como medicamento, al demostrar ser un antitusivo capaz de remitir la tos con sangre de los pacientes afectados de tuberculosis. Y como esta enfermedad infecciosa era uno de los grandes males de la época, recordemos que todavía no se habían descubierto los antibióticos, su demanda se disparó, al mismo tiempo que su novedad la dejaba fuera de las primeras legislaciones antidroga. Así, por ejemplo, la ley Harrison estadounidense no la incluyó dentro de los opiáceos a controlar hasta 1924. Un ínterin durante el cual resultó mucho más fácil de conseguir que la morfina, y sobre el que se cimentó su posición como narcótico de referencia que ha ocupado hasta hoy.

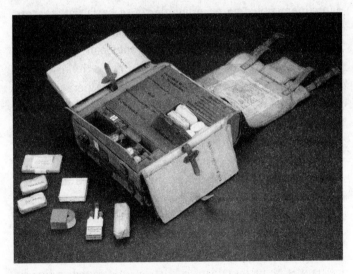

Botiquín compacto utilizado durante la Primera Guerra Mundial por el ejército alemán. Contiene una amplia gama de fármacos necesarios para tratar heridas como quemaduras e incluye apósitos, vendajes, anestésicos para adormecer el dolor y sedantes como el opio [Wellcome Collection].

En las décadas previas a la Segunda Guerra Mundial, la presión legal sobre el tráfico de los opiáceos fue aumentando, así como la criminalización de su consumo. Esto provocó un paulatino desplazamiento de los adictos a los márgenes de la sociedad, en un proceso particularmente visible en Norteamérica, donde coincidió con la Gran Depresión. Allí, la heroína calaría particularmente entre la población negra que migraba del campo a la ciudad, buena parte de la cual se encontraba desempleada. Son los años del nacimiento del término yonqui, *junkie* en inglés, que señalaba a quienes pagaban sus necesidades con lo ganado recolectando entre las basuras.

Asimismo, durante aquel periodo también se produciría el ascenso definitivo de los Estados Unidos al rango de primera potencia mundial, como se haría patente tras la victoria aliada sobre Japón y Alemania. Por ello, pudo imponer su criterio sobre otras naciones más renuentes a perseguir el tráfico de drogas, como el propio Reino Unido, que a principios del siglo xx aún recaudaba un veinte por ciento de los ingresos de su gobierno gracias al opio de la India. Los británicos renunciaron a este lucrativo negocio poco antes de terminar la contienda, al igual de lo que ocurrió con los holandeses en lo referente a la cocaína.

Y así, para 1961, las tesis prohibicionistas ya marcaban la agenda en casi todos los estados, algo que quedó plenamente corroborado en la Convención Única sobre Estupefacientes que se celebró aquel año en Nueva York. En esa reunión, organizada por Naciones Unidas, se fijaron las pautas de lucha contra las drogas que siguen rigiendo en la actualidad, que cada cual juzgue con qué éxito. Lo que está claro es que se pactaron unos objetivos inalcanzables. Los países que firmaron el acuerdo resultante se propusieron erradicar los usos no médicos del opio, la hoja de coca y el cannabis en unos más que optimistas plazos de tres lustros para el primero y cinco para la segunda y la tercera. Desde entonces, ha transcurrido más de medio siglo.

En primer plano el joven Charlie «Lucky» Luciano en Nueva York junto a un detective de policía. Abril de 1936 [GFS].

III

¿Qué ocurre cuando se intenta combatir dos enemigos diferentes al mismo tiempo? Que se termina por establecer prioridades. De esta sencilla forma podríamos resumir los esfuerzos de los Estados Unidos en su cruzada contra las drogas. Ilustrémoslo con ejemplos.

En 1943, las tropas aliadas desembarcaron en Sicilia como paso previo a acometer la invasión de la península transalpina. Una operación en la que colaboró la famosa mafia de la isla, que facilitó información muy útil para su consecución. Tres años después, pese a haberlo condenado en 1936 a una pena de treinta años, Estados Unidos deportaba a Italia a Charlie «Lucky» Luciano. Los norteamericanos nunca han querido reconocerlo, pero todo indica que la mediación de este influyente convicto resultó capital para acercar ambas partes.

No solo eso, el antiguo capo de Nueva York mantuvo sus antiguas costumbres una vez llegado a su país de origen. Desde allí, y con el apoyo del hampa corsa, crearía una organización que elaboraba heroína a partir de opio turco y, a través de Marsella, la distribuía por todo el mundo. La llamaron *The French Connection* y lideró el tráfico de opiáceos hasta los años setenta. Más de dos décadas de transacciones sustanciosas, que difícilmente hubiesen sido posibles sin la connivencia de quien debía perseguirlas.

Aquí, de nuevo, comprobamos la dificultad de batallar en dos frentes. Nos hallamos en los peores años de la Guerra Fría. La presencia comunista se hacía sentir muy fuerte entre el proletariado marsellés, cuyos sindicatos convocaban huelgas de continuo. Se vivían, por tanto, momentos tensos e imprevisibles. Como respuesta, los servicios secretos de Estados Unidos y Francia decidieron buscar la ayuda de cualquiera capaz de contener este movimiento, aunque eso significase pactar con el mismísimo diablo. No llegarían a tanto, pero casi. A cambio de colaborar activamente en la lucha contra el marxismo, los socios corsos de Luciano gozaron de impunidad en sus ilícitos quehaceres.

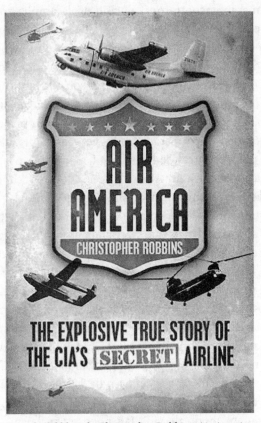

Portada del libro de Christopher Robbins *Air America.*
La increíble historia interna de la operación encubierta
más extraordinaria del mundo [Orion Books].

Esta coyuntura finalizaría en 1973, con el cese de la industria del opio en Turquía. Dos años antes, el presidente norteamericano Richard Nixon había anunciado formalmente el inicio de la «guerra contra las drogas», y sus diplomáticos habían presionado al gobierno de Ankara hasta lograr que este accediese a interrumpir la producción. El mundo es muy grande, sin embargo, y los corsos rápidamente encontraron solución en la amplia zona de selvas conocida como el Triángulo de Oro. En esa extensa área del Sudeste Asiático que se extiende entre Myanmar, Tailandia, Laos y Vietnam ya se cultivaba la adormidera, y bastó con que trasladasen sus saberes sobre la fabricación y venta de heroína para poder continuar con el negocio.

Allí, además, siguieron beneficiándose de la protección estadounidense, enfrascados esta vez en su disputa con China por el control de la región. La cia había puesto en marcha la aerolínea *Air America*, con la que daba cobertura a los distintos grupos anticomunistas bajo su tutela. Y esta no tuvo inconveniente en añadir a sus múltiples actividades el apoyo logístico que necesitaban, lo que incluyó el siempre complicado asunto del transporte de la mercancía.

El Triángulo de Oro mantendría su condición de mayor productor de heroína por unos años, pero acabaría viéndose superado por otro territorio igual de asolado por los males de la guerra. En 1979, la Unión Soviética invadió Afganistán, en una maniobra que le saldría bien cara debido a la persistente oposición de la población local. Toda una turbamulta de bandas y señores de la guerra se levantó contra ellos, y convirtió el país en un avispero. Pero, ¿cómo sustentar un modo de vida tan poco provechoso? Quien más quien menos encontró en el narcotráfico la respuesta.

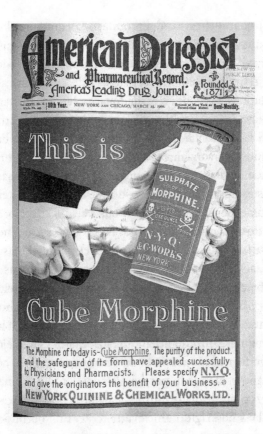

Anuncio de Cube Morphine publicado en *American Druggist and Pharmaceutical Record*, 1900.

La guerrilla talibán, fuertemente financiada por Estados Unidos y Arabia Saudí, se sirvió de la porosa frontera con Pakistán para intercambiar opio por armas y equipamiento bélico con la aquiescencia de sus aliados. Y los soviéticos, que bombardeaban trigales pero no campos de adormidera, buscaron rutas alternativas con las que sufragar parte del elevado coste de la ocupación. Lo dilatado del conflicto haría el resto. Cuanto más se degradaba el tejido económico, más se dependía del recurso de las drogas. Por eso, no es de extrañar que, una vez finalizada la invasión en 1989 y retiradas con ello las ayudas estadounidenses a los muyahidines, la producción de opiáceos en Afganistán aún aumentase más. El cultivo de la amapola se había convertido en la única vía de escape para miles de familias de refugiados que volvían a sus míseras aldeas.

Desde entonces, han ocurrido muchas cosas en Afganistán, pero su situación no ha mejorado. El estado continúa ausente en amplias zonas de su territorio, sigue sufriendo la acción de grupos insurgentes que necesitan financiarse y su población vive en condiciones muy precarias. Las tres características resultan idóneas para el establecimiento de economías basadas en actividades ilegales y, de hecho, el 90% de la heroína consumida hoy día en el mundo tiene a este país como origen. Los tentáculos del crimen organizado llegan extraordinariamente lejos.

¿Dónde quedó entonces la nombrada guerra contra las drogas comandada por los Estados Unidos? Quizá no lo parezca tras leer los últimos párrafos, pero ha existido, sin duda, y ha exigido un elevado coste. En lo económico, se estima que anualmente se gastan cien mil millones de dólares en los esfuerzos dedicados a esta lucha. Y en lo humano, ha criminalizado a cualquiera que forme parte de la larga cadena del narcotráfico. Por centrarnos solamente en lo referente al país norteamericano, sus cárceles federales albergan en la actualidad más de dos millones de presos, cuatro veces más que en los años setenta. De ellos, una cuarta parte cumple condena por delitos no violentos relacionados con los estupefacientes, lo que incluye la posesión de cantidades reducidas.

Edmond Albius, inventor de la fertilización
artificial del árbol de la vainilla.

¿Sería nuestro presente distinto de haber priorizado la persecución de los cárteles de la droga? Posiblemente, aunque quién sabe si mejor. Solamente ha habido una nación capaz de cortar de raíz el nivel de adicción a los opiáceos de su población, la China de Mao. Dudo mucho que ninguna sociedad en su sano juicio esté dispuesta a adoptar los métodos que emplearon sus secuaces para ello.

EPÍLOGO

Y, sin embargo, necesitamos los opiáceos. A pesar de las desventuras que aquí se han relatado, y de otras que han quedado en el tintero, como el drama de la adicción o la tragedia de las muertes por sobredosis, la morfina sigue considerándose el fármaco de referencia a la hora de aliviar el dolor profundo. Su capacidad de mitigar el sufrimiento, así como de generar una sensación de distanciamiento con la propia realidad, resulta inestimable para aquellos que se enfrentan a la peor cara de la existencia. Llegado el momento, será muy de agradecer contar con el auxilio de una última compañera.

8. A MANO

«¿Qué ha pasado aquí?», debió pensar Ferréol Bellier-Beaumont aquella mañana de finales de 1841. Veinte años llevaba esa orquídea en los jardines de su hacienda, y nunca había dado frutos. Como tampoco, el resto de plantas de vainilla desperdigadas por la isla. Por alguna razón, el plan del Jardín Botánico de París había fallado. Los esquejes prendían bien, y cada octubre comenzaban a asomar sin falta sus grandes flores amarillas, pero ahí acababa todo. Jamás habían quedado fecundadas. O no hasta ese preciso momento, al menos. Porque una hinchazón así en el ovario no dejaba lugar a dudas, pronto derivaría en una carnosa vaina verde. Vaya sorpresa más agradable.

El problema era entender el porqué, la razón de aquel cambio, una cuestión *a priori* compleja pero que se iba a resolver de inmediato. Allí mismo, uno de los esclavos del acomodado colono francés reclamaría la autoría del insólito suceso. Se trataba del joven Edmond Albius, un muchacho de apenas doce años que cuidaba la parcela. Según sus indicaciones, las flores podían polinizarse de forma manual si se operaba como sigue: apartar con un palito la barrera que separa los órganos masculinos de los femeninos y frotar con los pulgares hasta que los granos de polen terminen depositados sobre el estigma.

Tan sencillo como innovador. A nadie se le había ocurrido esta posibilidad hasta entonces, ni en Reunión, ni en ningún otro sitio en el que se hubiese pretendido introducir el cultivo de la vainilla. Por eso, no es de extrañar que el pobre Edmond anduviese de plantación en plantación realizando demostraciones de la novedosa técnica a las pocas semanas de su revelación. Ni que esa pequeña isla ubicada a unos mil kilómetros de Madagascar se convirtiese, unas décadas más tarde, en el principal productor mundial de la especia.

Y nos podemos preguntar, ¿de dónde había salido aquel ejemplar de orquídea y por qué era necesario fecundar sus flores a mano? La respuesta a este interrogante nos traslada de hemisferio y de época: del trópico africano al americano, y del siglo XIX al XVI. En concreto, hemos de retrotraernos hasta la conquista de Nueva España, cruento periodo cuya conclusión abriría definitivamente el llamado intercambio colombino. Cuando Hernán Cortés y sus huestes arribaron a tierras mexicanas, uno de los primeros pueblos con los que toparon fueron los totonacos, habitantes de la región oriental que hoy ocupa el estado de Veracruz y su contorno. De las selvas de esta zona es precisamente oriunda la vainilla, que de hecho constituía parte de los tributos que cada tanto debían enviar a Tenochtitlan, capital del imperio azteca. Allí, la empleaban en la preparación de perfumes, inciensos y como condimento del *xocolatl*, la bebida tonificante basada en el cacao que antecedió al chocolate actual.

A los totonacos, por tanto, corresponde el mérito de haber desarrollado el trabajoso método que conduce, de unas vainas verdes carentes de olor, a la aromática especia color negro que conocemos. Un delicado proceso de secado que se alarga durante meses y, durante el cual, enzimas presentes en el propio fruto van formando la molécula volátil que causa su fragancia, a la que se denomina vainillina.

Ilustración de una planta de vainilla publicada
en *Magasin Pittoresque*, París, 1850.

Asimismo, estas gentes también se encargarían, durante las tres centurias siguientes, del suministro de vainilla al viejo continente, una vez cruzó el charco como acompañante, de nuevo, del irresistible cacao. La moda del chocolate prendió pronto entre las clases adineradas y el clero hispanos, y de ahí fue irradiándose al resto de Europa. En Francia, por ejemplo, ganaría fama a raíz del matrimonio entre Luis XIII y Ana de Austria, y a la mudanza de costumbres que la hija del español Felipe III impuso en su corte de adopción.

Este último apunte, justamente, conecta de manera directa con la historia que abre el relato, gracias a la cual los esfuerzos galos por escapar del monopolio mexicano cobraron sentido. En sus intentos por cultivar la vainilla, los responsables del Jardín Botánico de París omitieron el papel del insecto que la poliniza, la abeja *Euglossa viridissima*, cuyo hábitat se restringe al ecosistema originario de la especie. Un error que igualmente cometerían los españoles en Filipinas, los británicos en la India y los holandeses en la isla de Java, todos ellos lugares con un clima adecuado para el crecimiento de estas orquídeas, pero en los que se requiere fecundar artificialmente sus flores para obtener frutos.

De ahí la importancia del hallazgo del desventurado Edmond Albius, que iba a generar un negocio considerable para tipos como Bellier-Beaumont, pero que a él, por el contrario, benefició poco. Si murió como hombre libre, se lo debió principalmente a la revolución de 1848, y al cese de la esclavitud en las colonias francesas que resultó de ella. En aquel momento, a la edad de diecinueve, inauguró su condición de ciudadano emancipado pobre de solemnidad. Acabaría envuelto en un robo de joyas, tras el cual fue juzgado y condenado a cinco años de trabajos forzados, de los que cumplió la mitad. Esa fue la única recompensa que cosechó por los servicios prestados a la economía de Reunión, un indulto debido a la intercesión de su antiguo amo ante el gobernador de la isla.

La iridiscente abeja de las orquídeas [Murilo Mazzo].

Su legado, en cambio, continúa vigente. La técnica de polinización manual transformó el mercado de la vainilla de tal modo, que en la actualidad se emplea, incluso, en su enclave primigenio. Los campesinos que la siguen cultivando en México ya no fían su suerte a las abejas, pues de esa manera muchas flores se marchitaban antes de ser fecundadas. Aun así, hace siglo y medio que perdieron la batalla de la competitividad. Hoy en día, los máximos productores de la especie son Madagascar, que sustituyó a Reunión una vez Francia la conquistó a finales del xix, e Indonesia. Entre ambas comercializan más de cinco mil toneladas anuales, tres cuartas partes del montante global.

Con ellas, se elabora una amplia gama de artículos cosméticos y alimenticios, que encabezan chocolates y helados, pero también incluye perfumes y medicamentos. Hasta dieciocho mil productos distintos contienen esencia de vainilla. Un número enorme, sí. Tanto, que si alguien duda de la existencia de plantaciones suficientes para todos ellos, estará en lo cierto. En realidad, en solo uno de cada cien se recurre a las fuentes naturales, los noventa y nueve casos restantes utilizan aromas sintéticos.

Etiqueta de extracto de vainilla concentrado.

Aquí distinguimos otro punto donde la mano del hombre ha resultado fundamental. De hecho, la razón por la cual este sabor se volvió ubicuo en el ámbito de la pastelería y las bebidas carbonatadas se encuentra en el abaratamiento que provocó su obtención de forma artificial. Al ser la vainillina un compuesto relativamente simple, ya en la segunda mitad del siglo XIX, se desarrollaron métodos para su preparación por vía química a partir de derivados de la lignina y el petróleo. Desde entonces conviven ambas alternativas, la agrícola destinada a los géneros más selectos y la fabril para los de uso ordinario. Y aún habría que sumar una tercera opción aparecida muy recientemente, la biotecnológica, basada en el empleo de microorganismos modificados genéticamente con la capacidad de segregar esa molécula.

Cada uno de estos tres acercamientos cumple su función. El original aporta una fragancia algo más refinada, debido a que la especia contiene varios aromas minoritarios que matizan al principal. Pero los otros dos permiten un consumo mucho más amplio, al reducir sustancialmente el coste. No lo olvidemos, la vainillina presenta idéntica estructura y características venga de donde venga. Natural y sintético son dos calificativos que hablan de una procedencia, pero no aluden al placer que un olor o un sabor concretos pueden llegar a proporcionar.

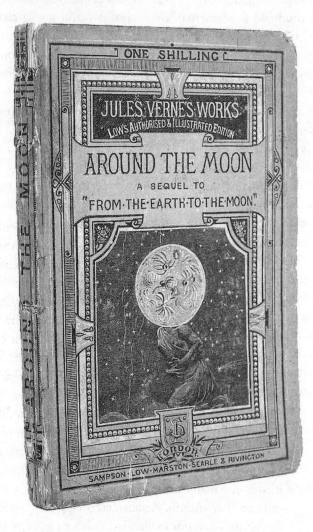

Portada de la edición de 1876 de *Around de Moon* (*Alrededor de la Luna*), secuela de *De la Tierra a la Luna*, del mítico Julio Verne.

9. LA COCINA MÁS GRANDE DEL MUNDO

En la novela *Alrededor de la Luna*, publicada en 1869, Julio Verne relata el viaje espacial de tres intrépidos exploradores, Barbicane, Nicholl y Ardán, a los que regala este completo almuerzo tras su alunizaje:

«Empezó la comida por tres tazas de excelente caldo, que se preparó disolviendo en agua caliente unas cuantas de las exquisitas pastillas de Liebig, preparadas con los mejores trozos de los rumiantes de las Pampas. Al caldo de vaca sucedieron algunos pedazos de bistec comprimidos en la prensa hidráulica, tan tiernos, tan suculentos como si salieran de las cocinas del "Café Inglés". Miguel, que era hombre de imaginación, aseguró que echaban sangre. Diversas legumbres en conserva y «más frescas que en su tiempo», según afirmaba también Miguel, siguieron al plato de carne, y terminó la comida con té y tostadas de manteca a la americana. El té, que pareció exquisito, era de primera y regalo del emperador de Rusia, que había enviado unas cuantas cajas a los viajeros. Por último, Ardán descorchó una botella de "Nuits", que por casualidad había en el departamento de las provisiones, y los tres amigos bebieron brindando por la unión de la Tierra y su satélite».

Como demuestran las novelas de Verne, el mundo de aquella época difería enormemente del actual. Los atlas geográficos todavía contenían amplias zonas sin detallar, los viajes espaciales eran tan solo un sueño y la conservación de los alimentos un asunto precariamente resuelto. Por ello, de este festín destacan las hoy olvidadas pastillas Liebig, toda una innovación tecnológica en su momento. Obtenidas mediante un laborioso proceso que reducía carne de vacuno a un extracto soluble en agua de fácil almacenamiento, se vendían como reconstituyente en farmacias, con la promesa de mantener todo el valor nutritivo de su costosa materia prima. No es de extrañar, por tanto, que este producto adquiriera fama rápidamente y formase parte de los pertrechos de ejércitos y aventureros, como ocurrió en la guerra franco-prusiana o la expedición de Henry Morton Stanley en busca de David Livingstone. Hablamos de una auténtica revolución en la industria alimentaria, que hubiese bastado para hacer célebre a su inventor, si es que este lo hubiese necesitado.

Para cuando desarrolló el *extractum carnis Liebig*, en 1847, Justus von Liebig era ya considerado el químico más importante de su tiempo. Sus laboratorios, primero de la Universidad de Giessen y más tarde de la de Múnich, bullían con la actividad de decenas de estudiantes llegados de todo el mundo. Con razón, se sentían atraídos por un novedoso sistema docente que ponía especial atención en la experimentación y que acabaría sirviendo como modelo para el resto de laboratorios de enseñanza universitaria. Trabajaban, además, en un campo de investigación en pleno auge. Hasta mitad del siglo xix, la química de lo vivo se había visto frenada por las dificultades que entrañaba analizar los compuestos orgánicos. Liebig, que había luchado contra esta limitación desde sus tiempos de juventud en París como discípulo de Gay-Lussac, había inventado un aparato, el *kaliapparat*, que permitía medir la composición elemental de cualquier muestra de manera rápida y precisa. Y con esa poderosa arma de su lado, se había sentido capaz de enfrentarse a cuestiones que apenas se habían abordado desde un punto de vista científico.

Siempre con la vista puesta en las posibilidades prácticas derivadas de sus investigaciones, el químico alemán había ido orientando sus esfuerzos hacia el estudio del suelo y la fisiología de plantas y animales, logrando grandes contribuciones en unas áreas prácticamente ignotas por aquel entonces. Fue pionero en el uso de fertilizantes minerales, y el primero en advertir que las plantas toman el carbono del aire y que los nutrientes se oxidan en todas las células del cuerpo. También se ocupó de la alimentación humana, campo en el que estableció una novedosa clasificación de los alimentos según las necesidades nutricionales que cubren y del que surgió el extracto de carne, producto que sin embargo tardó en encontrar aplicación. En una Europa presa de la escasez, como puso de manifiesto la Gran Hambruna irlandesa acaecida por esos años, cualquier invención que tuviese al ganado bovino como materia prima constituía un lujo al alcance de muy pocos. Así que el extracto quedó confinado a una prolija descripción en la bibliografía especializada, y ahí terminó el asunto hasta que en 1862 Liebig recibió una visita inesperada.

Georg Christian Giebert era un joven ingeniero alemán afincado en Uruguay que había presenciado un hecho insólito. En la localidad Villa Independencia de ese país había visto como una fábrica de curtidos desechaba la carne de las reses que sacrificaba. Solamente la piel se aprovechaba, el resto se pudría al sol. Sin una amplia población a la que mantener, ni manera eficaz de conservar el alimento, este prácticamente carecía de valor. Un siglo más tarde, en la vecina Argentina todavía se contaba con orgullo como un hombre que viajase por la Pampa y tuviese hambre podía matar una vaca y comer a voluntad con tal que dejase la piel a sus dueños. Y es que, hasta la aparición de las cámaras frigoríficas, esa carne encontró pocos usos al margen de la preparación del charqui, una especie de cecina de sabor tan desagradable que se consideraba sustento de esclavos.

Publicidad del *Corned Beef* Fray Bentos.

El extracto de carne, sin aparente utilidad en Europa, había encontrado su justificación en Sudamérica. Eso al menos pensaba Giebert, que había cruzado el Atlántico con la intención de obtener el asesoramiento de Liebig en la apertura de una fábrica para su elaboración. Una audacia que obtuvo su recompensa, aunque el veterano químico aplazó su aprobación hasta conocer la calidad del producto que se podía conseguir desde Uruguay. Así que Giebert regresó a Villa Independencia, que más tarde cambiaría su nombre por el de Fray Bentos, y se las arregló para conseguir el dinero suficiente como para comenzar su aventura empresarial e iniciar una pequeña producción de prueba que envió a Liebig y resultó excelente.

De esta forma nació la *Liebig's Extract of Meat Company* (lemco), cuyo producto tuvo un éxito inmediato debido a su excelente sabor y a un precio asequible que lo ponía al alcance de la incipiente clase media europea. En menos de una década, las instalaciones de Fray Bentos crecieron hasta albergar centenares de operarios que sacrificaban más de dos mil reses al día. La carne obtenida de ellas era posteriormente sometida a un lento proceso de cocción y remojo en agua fría y caliente, que conseguía reducir treinta y dos kilogramos de materia prima en uno solo de extracto. Una vez envasado, este se enviaba a Europa desde el puerto de esa localidad a orillas del navegable río Uruguay y era desembarcado en Amberes, donde la empresa albergaba sus depósitos. Y todo ello controlado desde las oficinas centrales situadas en Londres, el centro financiero mundial de la época, demostrando que en muy pocos años la lemco se había convertido en una auténtica multinacional de la industria alimentaria.

El techo de la compañía, sin embargo, estaba lejos de alcanzarse. La salida de nuevos productos al mercado le permitiría crecer exponencialmente hasta bien entrado el siglo xx. Primero aparecería el *Corned Beef* Fray Bentos, en 1873, carne de vaca enlatada que previamente se había curado en salmuera y hervido a fuego lento en vinagre, y más tarde, en 1899, una versión más barata del extracto Liebig que se presentaba en forma líquida y se denominó oxo. Más de doscientos artículos diferentes llegó a comercializar la lemco, que aprovechaba cada parte de la res. La grasa se utilizaba para cocinar, las pieles como cuero, con los tendones se fabricaba cola de carpintero y con algunos huesos objetos domésticos, los excrementos fertilizaban los campos, los intestinos envolvían embutidos y las lenguas constituían un preciado manjar. Hasta atendía los tabúes religiosos, ya que en la India vendió extracto de carne de oveja para que lo pudiesen comprar los hindúes. Con buen motivo, el periodista francés Jules Huret calificó la factoría de Fray Bentos, el Saladero Liebig, como «la cocina más grande del mundo».

Una «cocina» que sacrificó millones de animales en sus instalaciones, a las que se podrían sumar las faenadas en las plantas que la compañía abrió en Argentina, Paraguay y Zimbabue, y que siempre se mantuvo a la vanguardia tecnológica. En ella lució la primera bombilla eléctrica de Sudamérica, prueba de una capacidad de innovación que también se pondría de manifiesto en otros campos, como el de la mercadotecnia. Las campañas publicitarias de la lemco hicieron historia. Durante décadas editaron tarjetas coleccionables, hasta más de siete mil, que se intercambiaban en los lugares de venta y, en 1902, repartieron el primer regalo promocional de la historia, un sonajero para niños que se entregaba al devolver un envase vacío. Incluso fueron pioneros en el patrocinio de eventos deportivos, como los Juegos Olímpicos de 1908 celebrados en Londres, en cuyo maratón los atletas recibieron el extracto líquido oxo como bebida reconstituyente.

Publicidad de Liebig Company «Refuerza tus fuerzas con Oxo».

Poco después, la Primera Guerra Mundial marcaría el punto álgido en la trayectoria de la lemco. Los cubos oxo, que poco antes habían sustituido a la versión inicial en líquido, se erigieron como uno de los principales alimentos en el frente. Cien millones de estos cubos de caldo de carne, que iban acompañados por un ingenioso sistema de calentamiento con carbón, el *OXO Trench Heater*, que no despedía humo por lo que podía utilizarse en las trincheras, se distribuyeron entre los soldados. También el *Corned Beef* Fray Bentos gozó del aprecio de las tropas, tanto que emplearon ese nombre comercial para referirse a algo bien hecho, de la misma manera que la expresión *OK* se pondría de moda en la siguiente guerra mundial. No corrió la misma suerte, en cambio, el extracto germinal de la empresa, que sufrió de los prejuicios que aparecen en todo conflicto bélico. El apellido Liebig no puede ocultar su origen alemán, por lo que resultó sospechoso en el bando aliado y tuvo que ser relegado.

Algo parecido sucedió con la propia denominación de la compañía, que fue sustituida por el nombre de su producto de mayor éxito, oxo. Un proceso de desgermanización que concluiría en Uruguay con el reemplazo del apelativo Saladero Liebig por el más patriótico Frigorífico Anglo, cambio que habla además de la reconversión a la que este hizo frente en ese mismo periodo. Entre 1921 y 1924, se construyó en Fray Bentos un enorme edificio de cinco plantas totalmente refrigerado mediante un novedoso sistema de enfriamiento por compresión de amoniaco, que sirvió de depósito de almacenaje para la carne. Una innovación tecnológica revolucionaria para la época que daría un nuevo impulso a la fábrica y que la mantuvo en primera línea hasta la Segunda Guerra Mundial, periodo en el que volvería a demostrarse capital para el esfuerzo bélico aliado.

Museo de la Revolución Industrial en Fray Bentos [Mar Tou].

Apeadero en la ciudad de Fray Bentos [Mar Tou].

El fin de esta contienda, sin embargo, inició el declive del hasta entonces lucrativo negocio. La generalización progresiva de los frigoríficos domésticos transformó los hábitos de alimentación, y la carne enlatada perdió su posición de privilegio en favor de la fresca o congelada. La compañía oxo supo reciclarse, y mantenerse como una gran multinacional de la alimentación, pero poco tienen que ver sus actuales cubos con los que comercializó durante buena parte del siglo xx. Como también ocurre con la mayoría de sus competidores, las pastillas de caldo modernas son fundamentalmente una mezcla de sal y extracto de levadura obtenida como producto residual en la elaboración de la cerveza. Y sin necesidad de ingentes cantidades de carne, el Frigorífico Anglo perdió su razón de existir. Su actividad fue decayendo gradualmente y sus instalaciones dejaron de ser renovadas. En 1971 fue adquirido por el estado uruguayo, pero ocho años después cerró definitivamente.

Hoy Fray Bentos es una tranquila ciudad de veinticinco mil habitantes, muchos de los cuales descienden de los millares que emigraron de hasta sesenta países diferentes para trabajar en su industria cárnica. Su puerto, que durante décadas bulló de actividad industrial, ha tenido que variar su cometido y se ha enfocado hacia el turismo. En ese mismo sector han encontrado las instalaciones del Frigorífico Anglo una última función. En la actualidad sirven de sede al Museo de la Revolución Industrial, donde se puede recordar la gloria pasada de este rincón de Uruguay que una vez fue la cocina más grande del mundo.

August Wilhelm von Hofmann. Retrato grabado por G. Cook.

10. DE MALVA, ROJO Y AZUL

«En el campo de la observación, el azar solo favorece a las mentes preparadas». La frase pertenece a Louis Pasteur, pero perfectamente podría haberla firmado William Perkin. Si bien, la Semana Santa de 1856 le venía un poco pronto. A sus dieciocho años, no pasaba de ser un simple estudiante del Royal College of Chemistry de Londres. Y su laboratorio, un sencillo cuarto en el último piso de la casa de sus padres en el East End. Allí había instalado una rudimentaria colección de instrumental y reactivos con los que se afanaba durante sus horas libres. No parece mucho, pero con esas humildes armas y la ingenuidad de la juventud como único aval, estaba a punto de lograr uno de los descubrimientos científicos más importantes de su época.

Su meta rebosaba ambición, nada menos que la síntesis de la quinina. El director de su instituto, el alemán August Wilhelm von Hofmann, había fantaseado en clase con la idea de producir este antipalúdico esencial para la expansión del Imperio Británico a partir de alquitrán de hulla, un residuo muy abundante por aquel entonces al originarse en la elaboración del gas para el alumbrado. Así que allí estaba él, en su papel de alumno aventajado, llevándose los deberes a casa sin más premio que la obtención de una pasta oscura en la que no se vislumbraba la menor huella del fármaco. Pero no iba a darse por vencido, y aquí detectamos la primera de sus múltiples virtudes. Aún tendría perseverancia suficiente como para disolver la mezcla en alcohol etílico y manipularla pacientemente hasta descubrir que teñía de violeta la seda.

Retrato de William Perkin en su laboratorio,
sosteniendo un trozo de tejido tintado de malva.

No era este un hallazgo cualquiera. Durante su larga historia, el ser humano había dependido de tintes procedentes de la naturaleza para dar lustre a sus prendas. Los mejores de ellos, aquellos que confieren a la vestimenta una coloración vistosa resistente a los lavados, resultaban enormemente caros y por tanto fuente de pingües beneficios. Perkin, además, se había topado con un compuesto capaz de proporcionar una tonalidad de particular significación. La de la púrpura de tiro, uno de los mayores símbolos de grandeza del mundo antiguo.

Descubierto por los fenicios, quienes lo convirtieron en una de sus mayores fuentes de riqueza, este pigmento siempre estuvo asociado a la opulencia y el poder. Un vínculo que alcanzaría su cénit durante la Roma de los césares, que en el siglo IV prohibieron su uso a todo aquel que no perteneciese a su entorno familiar. La causa última de esa conexión debemos buscarla en su elevadísimo precio, que llegó a sobrepasar el del oro, y este a su vez a lo singular de su origen: distintos caracoles marinos del género *Murex*. Cada uno de estos moluscos contiene en sus glándulas mucosas una mínima cantidad de una sustancia verdosa y fácilmente lavable que se torna de un púrpura intenso e indeleble cuando se deja oxidar al aire. Por ello, se necesitaban miles de estos invertebrados para teñir un único ropaje, por no hablar de lo intrincado de una elaboración que se mantuvo a tal punto secreta que no sobreviviría a la caída del Imperio Bizantino.

Estas viejas historias, en cualquier caso, solo aportaban cierto realce a un descubrimiento que, por lo demás, bien pudo haberse quedado en una mera curiosidad. Un resultado llamativo que comentar con los colegas antes de pasar a otra cosa. Pero Perkin no solamente destacaba por su tenacidad. También contaba con una intuición fuera de lo corriente para entrever las posibilidades que derivaban de su trabajo y la audacia indispensable para ponerlas en práctica. Sigamos la secuencia de sus actos para comprobarlo.

Eugenia de Montijo en 1856 [Gustave Le Gray].

Su primera decisión consistió en abandonar los utópicos experimentos en pos de la quinina y concentrarse en el inesperado hallazgo, del que sondeó su utilidad real. Para ello, y tras mejorar el proceso de síntesis de su malva, envió una pieza de seda teñida con él a una reputada tintorería escocesa. «Si su invención no encarece excesivamente los artículos, será sin duda una de las más valiosas en mucho tiempo». No precisaría mayor acicate. La respuesta obtenida avivó de tal forma el espíritu emprendedor del joven británico, que no dudó en renunciar a sus estudios y lanzarse a una aventura empresarial que arrastraría al resto de su familia. Su padre aportó el capital necesario para poner en marcha la compañía de nuevo cuño Perkin & Sons, en la que también entró a trabajar su hermano.

Y como la suerte favorece a los audaces, la entrada en el mercado del tinte de los Perkin coincidió con una circunstancia afortunada que lo catapultaría al éxito. De repente, el violeta se puso de moda. Primero, la mujer que en ese momento marcaba tendencias en Europa, la emperatriz Eugenia de Montijo, a la sazón esposa de Napoleón III, decidió que ese color combinaba bien con el de sus ojos. Después, la propia reina Victoria de Inglaterra seguiría su ejemplo al asistir de igual tono a la boda de su primogénita. Y, tras ella, una multitud de caballeros y damas galantes a lo largo del continente, en lo que las maliciosas crónicas londinenses de la época describieron como un súbito «sarampión malva».

De inicio, esta demanda no sería cubierta por el tinte de los Perkin, sino por un pigmento de origen natural extraído de líquenes al que se denominaba púrpura francés. Pero el descubrimiento de nuestro protagonista resultaba mucho más económico, y pronto desplazó a su costoso rival. Para entonces, además, el joven William había encontrado un mordiente que posibilitaba su uso en algodón, al fijarlo de un modo mucho más estable. Y como la Revolución Industrial prácticamente nació en un telar, el auge de las explotaciones textiles propició una feliz situación en la que el mayor problema de la flamante compañía consistió en ser capaz de atender la enorme cantidad de pedidos recibida.

Nada es para siempre, sin embargo, y la moda del malva concluyó a la misma velocidad de su despegue, si bien no hubo vuelta atrás en lo referente a los tintes sintéticos. Otros químicos comenzaron a volcar sus esfuerzos en este tipo de compuestos, que proliferaron en muy pocos años, ya que pequeñas variaciones en la estructura provocaban fuertes cambios en su coloración. Pero claro está, este movimiento no podía ser homogéneo. Los países que se encontraban mejor preparados se llevaron la parte del león. Entre ellos destacó Alemania, donde para mediados del siglo XIX se había implementado un inédito sistema de enseñanza de las ciencias que combinaba teoría e investigación. Su fundador fue el químico Justus von Liebig, que primero en la Universidad de Giessen y luego en la de Múnich formó a decenas de discípulos que fueron trasladando sus métodos a otras instituciones.

Con ello, la situación de Perkin & Sons se volvió mucho menos confortable, puesto que se vio obligada a buscar novedades comercialmente atractivas en dura pugna con la recién llegada competencia. Aun así, el empuje del joven William la mantuvo en la brecha por un tiempo, e incluso la condujo a protagonizar un segundo hito de la industria de los colorantes. Se trata de la síntesis de la alizarina, un pigmento ya existente en la naturaleza pero que él iba a producir artificialmente de manera mucho más barata.

A lo largo de la historia, el rojo se había obtenido a partir de distintas fuentes. La más preciada, al generar un intenso color carmesí, estaba fuertemente vinculada a nuestro país, pues no en vano había dominado su comercio durante siglos. Se llamaba grana cochinilla y provenía de un insecto parásito del cactus nopal domesticado en Mesoamérica. La irrupción de Cortés en aquellas tierras lo había descubierto para Europa, que vio en los escarlatas que proporcionaba el símbolo de distinción que había perdido con la desaparición de la púrpura de tiro. Por ello, tras la conquista, el recién creado gobierno virreinal había incentivado su cría, así como otorgado el monopolio de la misma al valle de Oaxaca, en lo que terminó siendo una decisión tremendamente beneficiosa para los indígenas de la zona. El cultivo de este diminuto animal requería de una atención minuciosa que casaba mejor con explotaciones a pequeña escala, y esto permitió a sus trabajadores mantener una cierta autonomía que facilitó la conservación de sus lenguas y costumbres. De ese modo, España había acaparado el lucrativo tráfico de este tinte, posición que seguía ocupando ahora incluso que México se había independizado. Como reacción a los alzamientos emancipadores latinoamericanos, había introducido la grana en las Canarias, desde donde competía en ventaja con respecto a sus antiguas posesiones, debido a la ausencia en estas islas de los depredadores naturales del insecto.

No obstante, existían otros rojos en el mercado que, si bien estaban peor considerados, resultaban más accesibles. Entre ellos sobresalía la citada alizarina, que hasta 1869 solamente se podía conseguir a partir de la raíz de una planta, la rubia. Ese año, sin embargo, Perkin & Sons por un lado y la joven compañía alemana basf por el otro encontraron un método capaz de sintetizarla a partir de compuestos químicos simples. Ya no hablamos de emular la tonalidad de un pigmento natural, sino de obtener exactamente la molécula responsable de su color. De ahí la importancia de este logro, cuya autoría es absolutamente compartida. La casualidad quiso que ambas partes presentasen sus respectivas patentes con un único día de diferencia, lo que les obligó a pactar un arreglo. La empresa británica se quedó con la exclusiva en su país y la alemana, en la Europa continental y los Estados Unidos.

Curiosamente, este éxito supondría el canto del cisne de un todavía lozano William. Cuatro años después, y a la pronta edad de treinta y seis, vendía la compañía que había fundado siendo un adolescente y se jubilaba. Lo hacía con la tranquilidad de contar con capital suficiente como para vivir holgadamente hasta su muerte y la certidumbre de saber que cada vez le iba a costar más seguir el ritmo de la competencia. El suceso de la alizarina le había hecho consciente de la realidad, peleaba en inferioridad de condiciones. La industria germana disponía de centenares de químicos excelentemente formados y, además, estaba protegida por la mejor legislación en materia de patentes de Europa.

Así que mientras Perkin se retiraba y volvía a sus inicios, un laboratorio casero donde dedicarse a la ciencia por pura afición, Alemania tomaba el mando de una floreciente industria de los colorantes cuya actividad estaba alterando la vida de millones de personas. Pensemos en los criadores de grana cochinilla canarios, que por suerte encontraron en el plátano una alternativa con la que ganarse el pan, los agricultores franceses dedicados a la rubia, que se vieron forzados a buscar otros vegetales que sembrar, o los centenares de miles de bengalíes que estaban a punto de contemplar cómo el añil dejaba de originarse en los terrenos que labraban.

Este último caso quizá fuese el más dramático, aunque posiblemente para bien. Los británicos habían instaurado en el Raj de la India un funesto sistema de producción que obligaba a los nativos a plantar cultivos comerciales, como el índigo o el opio, en vez de otros básicos para su sustento, como el arroz. Y esto los conducía indefectiblemente a un régimen de semiesclavitud, pues recibían por su cometido una cantidad de dinero insuficiente para pagar sus propios alimentos y no les quedaba otra que endeudarse y pasar a depender de la voluntad de sus prestamistas. No fueron pocas las hambrunas, y los motines, que se desataron a raíz de estas prácticas que, al menos en lo referente al índigo, no terminaron hasta que hubo una forma más asequible de obtenerlo.

Un tubo de carmín de alizarina de las acuarelas Daniel Smith.

De nuevo la hallaría la basf, quién si no, que en 1897 comenzó a vender un añil sintético que hacía superfluos los campos dedicados al índigo. Culminaba con ello un esfuerzo titánico, que había necesitado de una inversión de dieciocho millones de marcos y casi dos décadas de trabajo, pero que sin duda les resultó rentable. Este tinte no solamente se utilizaba como principal fuente de azules, sino también como base en la composición de muchas otras tonalidades. Y aunque los británicos se resistieron a emplearlo aduciendo que el natural era de calidad superior, cosa imposible ya que se trataba de la misma molécula, el mercado impuso su ley y el artificial acabó por imponerse.

En la actualidad, una inmensa mayoría de los millones de pantalones vaqueros que se manufacturan anualmente son teñidos con añil fabricado por la industria química. Imaginen la alternativa, la enorme cantidad de tierras que habría que dedicar al índigo para mantener una producción semejante, así como el coste medioambiental y en seguridad alimentaria que eso implicaría. Más allá, el bajo precio de los pigmentos sintéticos ha democratizado los colores a tal punto que cada cual los usa como le apetece. Si antaño las clases privilegiadas se sirvieron de tonos llamativos para remarcar su estatus social, ahí están los retratos de la Edad Moderna para comprobarlo, hoy ese tipo de códigos han perdido su sentido y, de hecho, lo elegante es lo discreto.

Ahí radica una parte del legado de Perkin, pero no su totalidad. La industria de los colorantes constituyó el primer sector empresarial de largo alcance nacido directamente de un descubrimiento científico. Una circunstancia que resultaría clave para que las naciones desarrolladas tomasen conciencia de las implicaciones que se derivan de estos y estimulasen la investigación. Las universidades se transformaron para dar cabida y formación a los miles de futuros técnicos altamente cualificados que demandaba una sociedad en constante cambio. Y la síntesis química no se conformó con los colorantes. Las mismas fábricas que surgieron para obtener pigmentos fueron diversificando su actividad, y pronto elaboraron, además, fármacos, plásticos, fertilizantes y explosivos. Todo esto tuvo su germen en un laboratorio casero donde se ejercitaba un simple pero ambicioso estudiante. Como bien expresó el gran Albert Einstein, «la imaginación es más importante que el conocimiento. El conocimiento es limitado, la imaginación circunda el mundo».

El inventor Charles Goodyear.

11. LÁGRIMAS DE LÁTEX

Qué poca atención ponemos en aquello a lo que estamos habituados. Tan pronto como nos acostumbramos a un fenómeno, por insólito que sea, asumimos que forma parte del orden natural de las cosas y dejamos de tenerlo en consideración. Miramos pero no lo vemos. Presumimos que siempre estuvo ahí, y que nos acompañará eternamente. Es normal. Así funciona nuestro cerebro. Más pendiente de la novedad, de lo que altera el paisaje, que de lo ya observado y asimilado. Pero este hábito atávico, tan útil para nuestra supervivencia al permitirnos filtrar rápidamente la información relevante de una situación dada, también adolece de serios inconvenientes, como arrinconar antecedentes que merecen recordarse o no detectar la fragilidad de los cimientos sobre los que en ocasiones se asienta nuestro presente. De ahí la importancia de rememorar ciertos relatos, de rescatarlos del olvido antes de que se difuminen del todo.

De eso va este libro, supongo. Y, desde luego, esa es la intención de este texto acerca del recorrido histórico del caucho, un material que, de tan ubicuo, no solemos valorar. Piensen, sin embargo, en otra sustancia capaz de reunir sus propiedades. Que posea su elasticidad y resistencia al desgaste, su condición de repelente al agua y de aislante térmico y eléctrico, su facilidad para absorber golpes sin generar calor y para no degradarse ante el ataque de ácidos y bases. Por mucho que se esfuercen, no la hallarán. No en vano, se ha afirmado que la Revolución Industrial se erigió sobre tres componentes fundamentales: el acero, los combustibles fósiles y este polímero. Y es que no solamente resulta básico por su empleo en la fabricación de neumáticos, sino también por su uso en el recubrimiento del cableado y por la presencia de un sinfín de juntas, tubos y válvulas en cualquier máquina o electrodoméstico que encuentren.

Un árbol de caucho brasileño (*Hevea brasiliensis*), con detalle de flores y frutos bordeados por seis escenas que ilustran su uso por parte del ser humano. Aunque la ilustración menciona el término «caucho de las indias», se aplica al producto y no a la planta. El término caucho de las indias se mantuvo en uso mucho después de que el caucho brasileño se convirtiera en la fuente principal. Litografía coloreada, c. 1840 [Wellcome Collection].

No obstante, y al contrario de lo que pueda parecer, este tipo de goma no lleva demasiado tiempo entre nosotros. Bien es cierto que las culturas precolombinas ya sangraban distintas especies de árboles para obtener su látex, y que con él elaboraban pelotas, vasijas y láminas impermeables, pero las características del producto que manejaban se asemejan poco a las del caucho que utilizamos hoy. Aquel se tornaba pegajoso en cuanto apretaba el calor, y quebradizo si hacía frío, por lo que solo se adecuaba a un puñado de aplicaciones menores. Necesitaba de un extra que aumentase su robustez, de algo que se intercalase entre las cadenas lineales de que se compone y las transformase en una estructura reticular estable.

Esta mejora no se lograría hasta mediados del siglo XIX y, como sucede a menudo, solo se alcanzaría tras un descubrimiento que tuvo bastante de azaroso. En 1839, un inventor estadounidense, de nombre Charles Goodyear, dio accidentalmente con la solución al dejar una mezcla de caucho en crudo y azufre sobre la superficie de una estufa caliente. Él mismo llamaría vulcanización al proceso químico que había realizado sin querer, y lo patentaría con la esperanza de sacarle un buen rédito económico. Pero la suerte no le sonreiría más, pues el éxito del nuevo material se demoraría lo suficiente como para que él no llegara a disfrutarlo. Eso sí, una vez iniciado, ascendió de manera imparable.

A ello sin duda contribuyó una segunda invención, acontecida cinco décadas después al otro lado del Océano Atlántico. En la isla de Irlanda, para ser exactos. Allí, en las cercanías de Belfast, el veterinario metido a mecánico ocasional John Dunlop creó la rueda hinchable con el humilde propósito de suavizar el traqueteo del triciclo de su hijo. Menuda genialidad. Tanto que, a la velocidad del rayo, pasó de arreglo casero a negocio familiar y, de ahí, a innovación de los también pioneros hermanos Michelin para participar en la carrera de coches París-Burdeos-París de 1895. Y aquí, sí, la demanda de goma se disparó, con lo que millones de personas dirigieron su mirada a las inclementes selvas de la Amazonía donde crecen los árboles del género *Hevea*, generadores del mejor látex. El auge del automóvil, sumado a la necesidad de revestir los cables eléctricos que empezaban a ceñir el planeta, aseguraban un futuro dorado a todo aquel que se hiciese hueco en la joven industria que había emergido. Aunque debían darse prisa, la fiebre del caucho ya había comenzado.

No hay lugar más representativo para mostrar el delirio de aquel periodo que la Manaos a caballo entre los siglos XIX y XX. Ubicada en la unión del río Negro con el Amazonas, esta localidad brasileña se erigió como centro mundial del látex, lo que la llevó a protagonizar un estallido de extravagante opulencia difícilmente igualable. Gracias a una tasa del veinte por ciento sobre las exportaciones caucheras, acometió una multitud de obras públicas, inviables para urbes de más raigambre. Por ejemplo, contó con el primer sistema telefónico del país, con una red eléctrica diseñada para un millón de habitantes, pese a que los residentes no llegaban a cien mil, y con un fastuoso teatro de la ópera que recibía a grandes voces de la época, en lo que resultó un escenario apropiado para los abundantísimos casos de extrema ostentación de que sería testigo. Los manauenses acaudalados no reparaban en gastos, y lo mismo enviaban su colada a Portugal para que la lavaran allí, que se convertían en los mayores compradores de diamantes per cápita del globo con el objetivo de recompensar a la legión de prostitutas instaladas en la ciudad.

Pero, naturalmente, aquel oasis de lujo desmedido requirió un vasto desierto de rapacidad y explotación humana para sustentarse. Los árboles *Hevea* se extienden en muy baja densidad por la inabarcable superficie boscosa que circunda la cuenca amazónica, lo que hace de la extracción del látex una labor particularmente penosa. Y más si se realiza en condiciones precarias, como ocurría con los *seringueiros*, a los que la miseria les empujaba a aceptar un trato abusivo. Se conocía como endeude y funcionaba de este modo: al inicio de su compromiso, el trabajador percibía un crédito para adquirir material y provisiones y, a partir de ahí, quedaba atado hasta su devolución, algo terriblemente complicado de conseguir al encontrarse en desventaja con respecto a quien lo proveía de todo. Imaginen qué situación, encadenados para los restos a una actividad que apenas garantizaba la subsistencia. Pues bien, a pesar de la evidente dureza de esa vida, los desdichados que la soportaron aún pudieron considerarse afortunados, si la comparamos con lo sucedido a orillas de dos ríos cuyo nombre figura a fuego en la historia universal de la infamia.

El primero es el Putumayo, que desciende por la apartada zona fronteriza entre Colombia y Perú. Allí abundan los árboles del género *Castilla*, que proporcionan un látex inferior al de los *Hevea* y no permiten la tradicional técnica de sangrados periódicos. Pero los estándares bajan cuando la demanda supera la oferta, momentos en los cuales cualquier calidad interesa si resulta rentable. Esto lo entendió muy bien el abyecto Julio César Arana, un antiguo vendedor de sombreros que no se detuvo ante nada con tal de llegar a gran magnate cauchero. Para ello, y apoyándose en la ayuda de un pequeño ejército de mercenarios reclutados en Barbados, logró el dominio de aquella comarca, bien comprando tierras, bien extorsionando a los legítimos propietarios, y esclavizó a las etnias que la habitaban. Lo que vino a continuación se hace difícil de narrar. Mutilaciones, violaciones, asesinatos arbitrarios, torturas por puro capricho, toda una plétora de barbaridades con la única finalidad de mantener aterrorizados a los indígenas. Un par de décadas después, las consecuencias eran devastadoras. Mientras Arana disfrutaba de sus riquezas en una mansión londinense, la población del área se había visto reducida a la mitad.

En cuanto al segundo río, nos referimos al Congo, donde a escala gigante asistimos a una tragedia similar. Otra vez, encontramos una fuente de látex con las limitaciones de los árboles *Castilla*, las enredaderas tipo *Landolphia*, así como un régimen atroz comandado por un hombre sin el menor escrúpulo, el rey Leopoldo II de Bélgica. Dándoselas de filantrópico paladín de la civilización, este sátrapa obtendría a título individual el control del inmenso territorio que rodea la gran vía fluvial del África Central, y lo transformaría en una horrenda trituradora de carne. Sin ningún respeto por la vida humana, impuso un sistema que obligaba a los nativos a ejercer como trabajadores forzosos y castigaba ferozmente a aquellos que se negaban, o cuyo esfuerzo no satisfacía las exigencias de los capataces. Las secuelas de nuevo resultan estremecedoras. Se estima que en poco más de treinta años los habitantes de la zona habían descendido de veinte a diez millones.

Y las semejanzas entre estas dos tiranías no acaban aquí, pues comparten incluso su declive. En el primer decenio del siglo XX, ambas quedarían señaladas por sendas campañas humanitarias que denunciaron sus abusos ante la opinión pública occidental. Los testimonios de los contados testigos que accedieron a estos remotos parajes causaron espanto, y desencadenaron un enérgico movimiento de rechazo en los países industrializados. Si bien, en lo fundamental, nada variaría realmente, ya que a la hora de la verdad la imperiosa necesidad de caucho prevaleció. Finalmente, el cese de los crímenes asociados a este material se produciría por un solo motivo, la existencia de un competidor capaz de ofrecerlo más barato. Algo que, en cualquier caso, estaba a punto de ocurrir.

1913 marcaría un antes y un después en ese sentido. De repente, tras décadas de continuos ascensos, el precio de este artículo cambió súbitamente de tendencia. Los puertos comenzaron a recibir a mayor ritmo barcos cargados de látex, con lo que las leyes del mercado se pusieron del lado de los compradores. Por primera vez, la oferta rebasaba la demanda. Y no a causa de las fuentes originales, que no daban más de sí, sino por la aparición de una alternativa más eficaz en el sudeste asiático. Interminables extensiones de árboles *Hevea* en hilera, faenadas por inmigrantes indios o chinos por sueldos irrisorios. Un modelo que se iba a reproducir hasta la saciedad a partir de entonces, y que enterró la triste etapa del sangrado de especímenes silvestres.

Y nos podemos preguntar, ¿de dónde salieron aquellas plantaciones que reemplazaron la jungla primigenia del lugar? Para conocer la respuesta, debemos retroceder hasta 1876, año en el que el primer transatlántico a vapor cubrió la ruta Manaos-Liverpool. Esta innovación, pensada para acercar las dos orillas del negocio gomero, trajo consigo una consecuencia añadida, facilitar la exportación de semillas de *Hevea*. Los británicos llevaban un lustro intentándolo, pero estas sucumbían en la larga travesía a vela hasta Londres, donde los responsables de los Jardines de Kew las esperaban como agua de mayo. Su objetivo, dejar brotar allí todas las plántulas posibles y enviarlas luego a la posesión inglesa de Ceilán, de clima similar a la Amazonía. Sin embargo, y a pesar de haber salvado el principal escollo gracias a la tecnología, este plan iba a encallar en un obstáculo imprevisto, las pocas ganas de los colonos de introducir un cultivo nuevo.

Retrato de Harvey Samuel Firestone, c. 1910.

Una actitud totalmente comprensible, por otro lado, si consideramos que acababan de sustituir millones de cafetos moribundos por plantas del té. Un hongo desconocido había asolado la gran apuesta económica de la isla, e inmunizado a sus habitantes contra la capacidad de seducción de las empresas arriesgadas. Así que los primeros árboles *Hevea* asiáticos medraron silenciosamente en un jardín botánico cerca de Colombo, donde nadie se acordaría de ellos hasta un par de décadas después, cuando una nueva plaga los rescató del olvido. Pero, claro, en ese intervalo habían sucedido muchas cosas, entre otras, la invención del neumático. Por eso no extraña que los cultivos de caucho contaran al fin con una oportunidad en las postrimerías del siglo, tras colapsar los campos de café de los alrededores de Singapur.

No necesitarían más. Como ya hemos visto, el látex oriundo de Oriente inundó el mercado en pocos años. Los británicos en la península malaya, los holandeses en Sumatra, los franceses en Indochina, todas las potencias coloniales se lanzaron a garantizar su suministro de goma por medio de plantaciones de *Hevea* en sus dominios tropicales. Como también harían las compañías estadounidenses del ramo, si bien con menor fortuna. Firestone se estableció en Liberia sin dificultades, pero Ford fracasó en su intento de emplear el propio hábitat natural del árbol para sus propósitos. Allí, este coexiste con un hongo parásito muy agresivo, el *Microcyclus ulei*, que se transmite fácilmente entre ejemplares cercanos. Un impedimento irresoluble, por tanto, pero ignorado por los responsables del gigante del automóvil, que dilapidaron la friolera de treinta millones de dólares en una vana pelea contra la Amazonía.

Y, de nuevo, una pregunta, ¿cómo se las arreglaron las naciones que no poseían territorios en los trópicos? La respuesta es evidente, mediante la importación, un recurso tan adecuado en tiempos de paz como peligroso cuando resuenan tambores de combate. Para ilustrar esta obviedad, no tenemos más que detenernos en los instantes previos a la Segunda Guerra Mundial, cuando los futuros adversarios andaban afilando sus cuchillos. En un rincón se encontraba Alemania, quien se había quedado sin colonias en el conflicto anterior y dependía de su industria química. Ahí sí destacaba, y por eso fue la primera en desarrollar una posibilidad inédita hasta entonces, el caucho sintético. Y en el lado opuesto se hallaban los aliados, a quienes sus cultivos de *Hevea* otorgaban una clara ventaja estratégica. O eso pensaban al menos, pues la expansión nipona que siguió al ataque a Pearl Harbor trastocó totalmente el panorama.

En la primera mitad de 1942, Japón tomaría por las armas casi todo el sudeste asiático. Y los aliados, naturalmente, entraron en pánico, ya que esa derrota significaba perder, entre otros bienes esenciales, más de tres cuartas partes de las plantaciones gomeras en el mundo. La situación se tornaría particularmente dramática en los Estados Unidos, con reservas de este material para solo unos meses. Figúrense la tesitura, el mismo signo de la contienda estuvo en juego. Tanto es así, que el país norteamericano se vio obligado a decretar fuertes restricciones con respecto al uso del caucho, como prohibir su empleo en las manufacturas no relacionadas con el esfuerzo bélico o limitar la velocidad de los vehículos a 50 Km/h para reducir el desgaste de los neumáticos. Unas medidas extremas que le dieron cierto aire, pero que no servían para eliminar el problema de fondo, no contar con un suministro estable de látex.

El socorro definitivo solo podía venir por una vía, la producción de caucho sintético, una solución que ya explotaban con éxito Alemania y la Unión Soviética. Pero la falta de previsión aliada jugaba ahora en su contra, puesto que les forzaba a realizar su propio desarrollo en un tiempo récord. El reto fue mayúsculo, si bien los estadounidenses lo solventaron con nota. Para 1944, dos terceras partes de la goma que consumían salía de sus fábricas procedente del petróleo. Lo más difícil para ellos había pasado.

La Segunda Guerra Mundial implicó, como en tantos otros aspectos de índole tecnológica, un nuevo punto de inflexión en lo referente al caucho. Tras su finalización, y una vez restablecido el comercio internacional, se inició la etapa actual, en la que plantaciones y procesos sintéticos conviven, y compiten, en relativo equilibrio. Con sus altibajos, cada una de estas fuentes aporta en torno a la mitad del látex utilizado en el planeta. Aunque existen diferencias. El de origen natural posee una mayor resistencia a la tracción y el desgaste, mientras que el artificial soporta mejor la acción de disolventes y oxidantes. Esta disparidad provoca que haya aplicaciones más aptas para uno de ellos, y que una hipotética escasez de cualquiera de los dos supusiese un problema muy serio para nuestra economía. Porque, recordemos, ambos presentan un talón de Aquiles. El del primero se llama *Microcyclus ulei*. Si ese hongo llegase de alguna manera hasta los cultivos de *Hevea* asiáticos, el destrozo sería enorme. Con el añadido de que no habría vuelta atrás, ya que resultaría terriblemente complejo eliminar el parásito una vez instalado. En cuanto al segundo, su debilidad tiene que ver con el progresivo agotamiento de las reservas de petróleo, así como con las dificultades para encontrarle sustituto. La realidad es que no hay materia prima más versátil y barata que este combustible fósil. En conclusión, no se puede bajar la guardia en ninguno de esos dos campos. Demasiadas bondades de nuestro día a día dependen de ello.

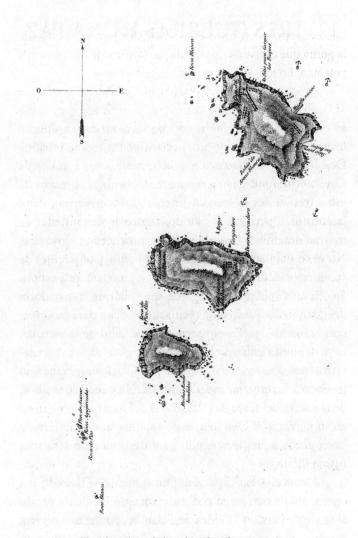

El archipiélago de las islas Chincha, en Perú.

12. TRES GUERRAS Y UNA PAZ

GUERRA NÚMERO UNO

El 14 de abril de 1864, las hoy olvidadas islas Chincha fueron tomadas al asalto por un destacamento naval español. Dos fragatas, la *Resolución* y la *Triunfo*, y una goleta, la *Covadonga*, fondearon a media mañana junto al mayor de estos tres islotes y, tras un intercambio de mensajes con la autoridad peruana al mando, cuatrocientos infantes de marina desembarcaron de ellas y acometieron la invasión. No se contabilizaron bajas en la maniobra. Conscientes de su inferioridad, los defensores no opusieron resistencia. Doscientos soldados a cargo de un millar de trabajadores del guano y ciento sesenta reclusos no daban para fantasear con heroicidades. En consecuencia, al cabo de la jornada, el ya depuesto gobernador de la plaza y su tropa permanecían retenidos, mientras que los presidiarios esperaban su traslado a la cercana ciudad de Pisco. No queda constancia de la suerte del resto de pobladores del lugar, culíes chinos en su mayoría, si bien hemos de suponer que recibirían de buen grado aquel inesperado paréntesis en su extenuante rutina diaria.

¿Qué motivó la ocupación? Oficialmente, se trató de una operación de castigo en contestación a un incidente previo al norte de Perú, en la aldea de Talambo, donde una reyerta entre locales y colonos españoles se había saldado con una muerte por cada lado. De manera oficiosa, parece que respondía a un intento del gobierno del general Leopoldo

O'Donnell por realzar el maltrecho prestigio internacional hispano. Sea como fuere, el ataque no se produjo sobre un objetivo cualquiera. En aquel momento, la nación andina dependía totalmente de las regalías generadas por la explotación del guano, a tal punto que representaban su mayor fuente de ingresos. Unas seiscientas mil toneladas de excrementos de ave eran embarcadas cada año hacia Europa y los Estados Unidos, para acabar esparcidas sobre sus campos de cultivo.

Poblaciones cada vez mayores requerían rendimientos agrícolas en consonancia, pero la labranza intensiva necesaria para ello estaba degradando los suelos de los países más desarrollados. De ahí que, desde principios del siglo, existiese un interés creciente en la búsqueda de procedimientos capaces de revertir esta tendencia, y el guano se había manifestado como la mejor solución. Su alto contenido en ácido úrico y fosfatos hacían de él un fertilizante excelente, de una calidad nada usual. Unas virtudes que provenían de las singulares condiciones ambientales de la costa peruana, marcadas a su vez por el afloramiento de una corriente oceánica fría.

Al ascender a la superficie, las aguas profundas arrastran consigo restos de materia orgánica en descomposición acumulados en los fondos marinos, creando un entorno rico en nutrientes que origina una auténtica explosión de vida. Grandes masas de fitoplancton sirven de alimento a enormes cardúmenes de peces que, al mismo tiempo, dan sustento a una multitud de aves. Cormoranes, alcatraces, pelícanos… todos ellos anidan por millares en las islas del litoral peruano, lo que había generado capas de excremento que alcanzaban varios metros de espesor. Con el añadido, además, de apenas ser dañadas por la lluvia, debido a que la poca evaporación del agua fría provoca climas secos de precipitaciones escasas.

Ahí radicaba la importancia estratégica de las islas Chincha, poseedoras de una mercancía tan atípica como demandada. Y de ahí la elección española para su ataque, con el que dio comienzo la que terminaría por denominarse Guerra Hispano-Sudamericana, pues Chile, Ecuador y Bolivia unieron fuerzas con su vecino en apuros.

Durante los dos años siguientes, la armada española sostendría diversos combates navales sin un vencedor claro. Una vez desocupadas las Chincha, en enero de 1865, y con Perú momentáneamente fuera de juego por una guerra civil propia, las hostilidades se trasladaron a la costa chilena. La isla de Abtao y la ciudad de Valparaíso fueron testigo de las refriegas más señaladas, para concluir de vuelta en el primer país agredido, donde un último enfrentamiento en el puerto del Callao sirvió de triste colofón a un desafortunado conflicto que resultaría un mal negocio para ambos bandos.

Para España, que no obtuvo nada del choque, supuso un fiasco que debilitó todavía más la decadente monarquía isabelina. Sin una victoria que echarse a la boca, y una crisis económica interna agravada por varias malas cosechas, la *reina castiza* acabaría rumbo al exilio francés en septiembre de 1868, si bien lo hizo cómodamente, al encontrarse veraneando en San Sebastián durante los sucesos que conformaron la llamada revolución *La Gloriosa*.

Perú, por su parte, se vio obligado a incrementar su ya dilatada deuda externa para afrontar los gastos derivados de la contienda, lo que le llevó a seguir extrayendo guano a un ritmo superior al que sus ecosistemas podían soportar. Y, con ello, un bien empleado a nivel regional desde mucho antes de la conquista iba a agotarse en menos de medio siglo de explotación abusiva. Para inicios de la década de los setenta, los otrora impactantes estratos de excremento de las islas Chincha habían prácticamente desaparecido. Otros depósitos algo más al norte tomarían su relevo, pero proporcionando un género de peor calidad. El gobierno de Lima, no obstante, creía tener las espaldas cubiertas. Al sur del país, en el remoto desierto de Atacama, existía un yacimiento de salitre capaz de garantizar su primacía en la producción mundial de fertilizantes.

Cuatro nativos empleados en la extracción de los depósitos de guano en las islas Chincha, Perú. Grabado en madera, c. 1869.

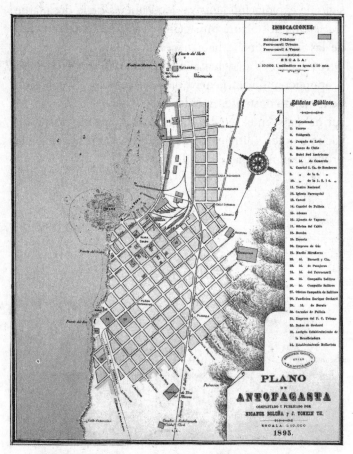

Plano de Antofagasta en 1895 [*Álbum de Planos de la Principales Ciudades y Puertos de Chile* de Nicolás Boloña, cartógrafo de la Oficina de Geografía y Minas de la Dirección General de Chile].

GUERRA NÚMERO DOS

Durante su primera etapa como estados independientes, Chile y Bolivia no necesitaron precisar la situación exacta de la frontera que los separaba. Los mapas mostraban una mancha difusa sin asignar que, en realidad, apenas interesaba a nadie. Formaba parte de una zona tan vasta como árida, donde pocos osaban establecerse. Bien es cierto que, en la década de los mil ochocientos veinte, se había descubierto un rico depósito de nitratos justo al norte de esa franja, en la región peruana de Tarapacá. Y que unos años después se había hallado otro similar en Antofagasta, localidad ubicada en la propia área en cuestión. Pero la pujanza de la industria del guano había relegado la explotación de estos yacimientos de salitre a un papel secundario, y así siguieron hasta que las reservas de excremento de ave menguaron de manera ostensible.

El enfrentamiento con España había traído, incluso, un periodo de entendimiento entre vecinos, en el que se había acordado colocar el límite entre ambos países en el paralelo 24º de latitud sur. Este convenio había dejado Antofagasta del lado boliviano, por lo que los dirigentes de La Paz se habían comprometido, en compensación, a eliminar los impuestos de las compañías chilenas dedicadas a la extracción de minerales durante los siguientes cinco lustros. No se prolongaría tanto la concordia, sin embargo. En 1878, acuciados por las deudas, sus sucesores en el cargo se retractaron, decretando una tasa de diez centavos a cada quintal de salitre exportado desde su territorio. Error. Sin pretenderlo, acababan de destapar la caja de los truenos.

Los acontecimientos se sucedieron rápidamente. Primero, la principal entidad afectada, una empresa de capitales chilenos y británicos llamada Compañía de Salitres y Ferrocarril de Antofagasta, se negó a cumplir la medida. Después, el gobierno boliviano ordenó embargar sus bienes, a modo de indemnización por los pagos no recibidos. A continuación, el ejército chileno entró en juego, ocupando la población que daba nombre a la sociedad mercantil amenazada. Y, por último, Perú quedó involucrado en la disputa, al tener firmado un pacto de defensa mutua con Bolivia. Ya no había vuelta atrás, la Guerra del Pacífico había comenzado.

A su conclusión, cinco años y veinte mil muertos más tarde, el panorama había cambiado por completo. La nación menos poblada de las tres había desbaratado la resistencia combinada de las otras dos y, como resultado, era su bandera la que ondeaba sobre los yacimientos del desierto de Atacama. Chile, por consiguiente, se había convertido en el principal productor mundial de una mercancía de enorme trascendencia, y su gran valedor en el conflicto, Reino Unido, en el destinatario prioritario de la misma.

Su triunfo, además, gozaría del don de la oportunidad. En las décadas posteriores, las exportaciones salitreras pasaron de 275 mil toneladas anuales en 1880, a un millón en 1895 y casi dos millones y medio en 1913, siempre con Chile y Gran Bretaña como socios preferentes. Un aumento espectacular que no se debió únicamente al negocio de los fertilizantes. Desde la pólvora, a la dinamita o la nitroglicerina, buena parte de los explosivos se fabricaban mediante el uso de nitratos como materia prima.

Estatua de un hombre y una mula dedicada a los mineros del salitre de los siglos XVIII y XIX, Antofagasta [Jeremy Richards].

GUERRA NÚMERO TRES

Para octubre de 1914, resultaba evidente que la ofensiva alemana en el frente occidental se iba a quedar a medio camino. Las fuerzas franco-británicas habían frenado su avance a orillas del río Marne el mes anterior y, aunque se peleaba a menos de cien kilómetros de París, ambos bandos habían estabilizado sus posiciones. Muy pronto, una interminable línea de trincheras uniría las playas belgas con la frontera suiza, y las alambradas, los nidos de ametralladora y el resto de tácticas defensivas que permitían las nuevas armas del siglo XX convertirían cada intento de romper el equilibrio en una carnicería inútil.

La Gran Guerra, por lo tanto, iba para largo, en contraposición a lo planeado por el estado mayor germano. El optimismo desaforado del káiser y sus secuaces les había llevado a pronosticar una victoria rápida, y ahora debían afrontar las consecuencias de su error de cálculo. Los británicos, dueños de los océanos, controlaban el transporte marítimo de materias primas, lo que hacía de la escasez de suministros una mera cuestión de tiempo. En concreto, la presumible carestía de un bien esencial para el esfuerzo bélico preocupaba particularmente. Los nitratos chilenos eran fundamentales en la producción de explosivos y municiones y, sin su concurso, las tropas teutonas no tendrían con qué defenderse la primavera del año siguiente.

Existía una alternativa, no obstante, si bien todavía se desconocía su verdadero alcance. El aire se compone de nitrógeno en sus tres cuartas partes, por lo que constituye una fuente inagotable de este elemento. El problema era hacer reaccionar una molécula terriblemente estable, con una marcada tendencia a mantenerse inerte. Un reto mayúsculo al que decenas de químicos se habían enfrentado sin éxito durante años, pero que muy recientemente parecía haberse solventado.

El sin par descubrimiento había constado de dos fases, a cual más compleja. La primera había culminado el verano de 1909, cuando Fritz Haber, a la sazón catedrático de química física en la Universidad de Karlsruhe, había mostrado a los directivos de la compañía basf su novedoso método para sintetizar amoniaco, en el cual se combinaban moléculas de hidrógeno y nitrógeno a una presión de doscientas atmósferas en presencia de un catalizador de osmio. Curiosamente, uno de los principales artífices del hallazgo, que obligaba a manejar gases en unas condiciones límite por aquel entonces, había sido el británico Robert Le Rossignol, buena prueba de que los círculos académicos habían vivido ajenos a la contienda mundial que se avecinaba.

A partir de ahí, en una segunda etapa, un equipo de investigadores de la empresa química mencionada, con el ingeniero Carl Bosch a la cabeza, había adaptado el proceso a una escala industrial, para lo cual habían necesitado introducir diversas mejoras. Entre ellas destacaban el empleo de un catalizador de hierro sensiblemente más barato y el diseño de reactores de acero en especial resistentes, perfeccionamiento que hubiese resultado inviable sin la ayuda del gigante siderúrgico Krupp.

Sello postal sueco con la efigie de Fritz Haber, 1978.

Toda esta labor en conjunto había conducido a la apertura, en septiembre de 1913, de la primera planta comercial capaz de obtener amoniaco partiendo de aire, lo que dejaba a los germanos a un solo paso de cortar su dependencia al salitre chileno. Pero todavía quedaba por implementar una segunda reacción a nivel fabril, la oxidación de esa molécula para formar ácido nítrico, objetivo que se demoraría hasta la primavera de 1915.

No se sabe si para su suerte o para su desgracia, Alemania lograría salvar ese lapso de tiempo, y en pocos meses pasó a contar con varias factorías que la abastecieron de nitratos durante el resto de la guerra. Una vez más, se demostraba la fortaleza de su ciencia y tecnología, pilares fundamentales sobre los que descansaba su condición de potencia mundial de primera magnitud. La escasez de suministros causada por el bloqueo naval británico, sin embargo, continuó minando sus opciones de triunfo, así como deparando situaciones trágicas que acabarían por aniquilar el entusiasmo con el que su población había abordado el conflicto.

Posiblemente, la más dramática de todas ellas se vivió en los meses posteriores a la ínfima cosecha de 1916, arruinada por una suma de factores adversos, que incluyeron una climatología en particular desfavorable, el reclutamiento de buena parte de los trabajadores del campo y la carencia de fertilizantes, debida a que los nitratos producidos se destinaban íntegramente a fabricar armamento. Medio millón de germanos sucumbieron al hambre y el frío aquel invierno, en el que permanecer en la retaguardia resultó tan mortífero como luchar en el frente. Aún restaba la mitad del martirio, en cualquier caso, si bien solo iba a servir para ahondar más la misma herida. Alemania se mantuvo en pie mientras sus contendientes fueron naciones que estaban sufriendo un desgaste similar, pero la llegada masiva de tropas estadounidenses a lo largo de 1918 terminó por desnivelar la balanza. El 11 de noviembre de ese año se firmó el armisticio. Para entonces, el segundo Reich había caído, el káiser Guillermo II se encontraba huido en Holanda y el país al borde de la revolución.

Instalación del primer reactor de acero de alta presión para la producción de amoníaco en la planta de Oppau, 1913.

UNA PAZ

El artículo 172 del Tratado de Versalles dice así: «Dentro de un plazo de tres meses a partir de la entrada en vigor del presente Tratado, el Gobierno alemán revelará a los Gobiernos de las principales Potencias Aliadas y Asociadas la naturaleza y el modo de fabricación de todos los explosivos, sustancias tóxicas u otras preparaciones químicas que hubiere utilizado en el curso de la guerra, o preparado con el fin de utilizarlas en ella».

Si había una cosa que franceses, británicos y estadounidenses envidiaban del enemigo derrotado, esa era sin duda su excelencia en el ámbito de la química. El transcurso de la guerra había puesto de manifiesto la importancia estratégica de esta ciencia, tan rentable en tiempos de paz como efectiva a la hora de combatir. De ahí su mención expresa en el ajuste de cuentas entre vencedores y vencidos, que evidencia un claro interés por apoderarse de unos conocimientos que se estimaban vitales en caso de nueva conflagración.

De hecho, las medidas adoptadas irían mucho más allá de la mera recopilación de patentes y protocolos de actuación. Tras la firma del armisticio y consiguiente ocupación aliada de la franja alemana al oeste del Rin, comenzaron las inspecciones en las factorías químicas ubicadas en la zona, con un ánimo muy cercano a lo que solemos denominar espionaje industrial. Confiscación de documentos, interrogatorios a los trabajadores, incautación de muestras... Tal es así, que los dirigentes de la basf terminaron por ordenar el cese de toda actividad en su joya de la corona, la planta de Oppau para sintetizar amoniaco, la primera que había aplicado a escala comercial el proceso Haber-Bosch.

De nada les serviría. En pocos años, los tres principales ganadores de la contienda iban a contar con sus propias fábricas para elaborar fertilizantes y explosivos a partir de aire, si bien necesitaron porfiar lo suyo para lograrlo. Reino Unido, por ejemplo, se vio obligado a contratar técnicos alsacianos con experiencia en el ramo para echar a andar su planta de Billingham, dada la dificultad de la empresa.

Prácticamente se ha cumplido un siglo desde aquel momento. Hoy, la fabricación de amoniaco de origen artificial se ha extendido al resto del planeta, al punto de constituir uno de los procesos industriales de mayor relevancia a escala global. Para que se hagan una idea, más del ocho por ciento de la energía consumida se dedica a la obtención de esa molécula, cuya producción va destinada en sus cuatro quintas partes a conseguir fertilizantes. De igual modo, durante este mismo periodo, los rendimientos agrícolas se han cuadruplicado, y la población mundial ascendido de mil novecientos a siete mil ochocientos millones de personas. No duden de la íntima relación entre los tres datos.

13. UN FÁRMACO EN BUSCA DE AUTOR

Todos ustedes conocerán la aspirina, no creo que a estas alturas haya que presentarla. Ya saben, posiblemente el fármaco más popular del último siglo y medio, consumida en el mundo, todavía hoy, a razón de ciento veinte mil millones de comprimidos al año. Intuyo que también estarán al tanto del porqué, de su capacidad para aliviar el dolor, reducir la fiebre y remediar las enfermedades cardiovasculares. Hasta aquí, ninguna novedad. Como tampoco lo serán su nombre común —ácido acetilsalicílico— o la empresa más emblemática que la comercializa —la alemana Bayer—. En cambio, si abordamos el espinoso asunto de asignarle descubridor, ahí igual sí que se quedan sin respuesta. Y no los culpo, pues incluso aquellos que han indagado en el tema suelen mostrarse cautos en sus explicaciones. El problema es que existen dos versiones, y que difieren sustancialmente entre sí. Permítanme relatarles ambas para tratar de discernir cuánto hay de verdad en cada una.

Vayamos con la primera. Agosto de 1897, instalaciones de la compañía Bayer en Elberfeld. Un joven químico llamado Felix Hoffmann investiga cómo mejorar las propiedades del ácido salicílico, uno de los remedios habituales contra el reumatismo en aquella época. Poderosas razones personales lo mueven, puesto que su propio padre padece tanto la dolencia como los molestos efectos secundarios asociados al tratamiento. La acidez del fármaco provoca tal malestar de estómago que llega a causar vómitos. Pero existe una solución factible, variar ligeramente su estructura para obtener un derivado igual de eficaz pero más tolerable.

Dr F. Hoffmann.

El químico Felix Hoffmann.

En realidad, Hoffmann no ha sido el primero en concebir esa idea. Hace cuatro décadas que se describió cómo acetilar el medicamento, si bien mediante el uso de unos recursos muy precarios. La química, no obstante, ha madurado enormemente como ciencia durante el tiempo transcurrido, y ahora son posibles procesos más eficaces que compiten, incluso, con aquellos que se dan en la naturaleza. Y para muestra un botón. Aunque distintas fuentes vegetales contienen salicilatos, como por ejemplo la corteza del sauce blanco, cuyo empleo como analgésico se conoce desde antiguo, resulta mucho más barato fabricarlos por síntesis, gracias a la utilización como material precursor de un compuesto presente en el alquitrán de hulla.

Así que Hoffmann se vale de esas nuevas herramientas para preparar ácido acetilsalicílico de una manera altamente eficiente, y envía una muestra a la sección de farmacología. Heinrich Dreser, a la sazón orgulloso jefe de la unidad, se manifiesta abiertamente escéptico al respecto, pero evalúa el producto y verifica sus indudables bondades. Dos años después, Bayer lo lanza al mercado bajo el nombre de marca aspirina.

Turno para la segunda. Mismo momento, mismo lugar. También se mantiene la contribución de Felix Hoffmann, si bien transformado esta vez en mero actor secundario. Nuestro personaje principal ahora es Arthur Eichengrün, su inmediato superior en la compañía, quien ha ideado un ambicioso proyecto encaminado a insertar grupos acetilo en diversos fármacos de origen natural con efectos secundarios importantes. Él lidera la investigación, Hoffmann simplemente la pone en práctica bajo su tutela. Como resultado, dos compuestos acaban siendo entregados en la sección de farmacología: el ácido acetilsalicílico y la diacetilmorfina.

Una vez allí, Dreser queda impresionado por la alta capacidad antitusiva del segundo, al que bautiza heroína, pero rechaza el primero al creerlo cardiotóxico, en un dictamen que disgusta profundamente a Eichengrün. Tanto es así, que el químico de ascendencia judía va a protagonizar un acto tan notable como temerario. Con la intención de demostrar la inocuidad del fármaco desestimado, se utiliza a sí mismo como conejillo de indias, automedicándose con él en estricto secreto.

Arthur Eichengrün [Archiv Ulrich Chaussy].

Victoria para la osadía. Como se suele decir, la fortuna sonríe a los audaces y este es un buen ejemplo, más si consideramos lo que sigue. Envalentonado por el éxito, Eichengrün decide ir un paso más allá y reafirmarse en su órdago. En vez de pasar de nuevo por el filtro de Dreser, envía el compuesto a varios médicos berlineses, que alaban sus propiedades y le dan su beneplácito. Solamente entonces, con los cuatro ases en la mano, devuelve la futura aspirina al cauce acostumbrado, para seguir su camino hacia la comercialización sin mayores contratiempos.

¿Qué me dicen? ¿Cuál de las dos versiones les convence más? Sin más datos, imposible decidir, desde luego. Pura cuestión de gustos. Ambas presentan elementos seductores, bien el amor filial como fuerza motora del hallazgo, bien el inconformismo capaz de saltarse el orden establecido si siente la razón de su parte. No se trata de determinar afinidades, en cualquier caso. Intentamos acercarnos a la realidad, a lo que verdaderamente ocurrió en un momento dado. Sigamos reconstruyendo la historia de la aspirina, por tanto, y veamos si de ese modo conseguimos dirimir cuál de los dos personajes que pugnan por convertirse en su descubridor prevalece.

Nos encontrábamos en 1899, año de su aparición en el mercado. Con una denominación, por cierto, que se debe a la unión de tres fragmentos: a de acetilo, spir de *Spiraea ulmaria*, una de las plantas de las que se había extraído ácido salicílico, e ina, una terminación frecuente en muchos fármacos. A finales de verano, Bayer remite muestras de su flamante producto a cientos de médicos y hospitales repartidos por toda Europa. La nota adjunta advierte que el envío contiene un remedio efectivo y seguro contra la fiebre reumática y la inflamación. Y las primeras prescripciones lo confirman. Una década después, la aspirina ya figura entre los medicamentos más empleados en el mundo.

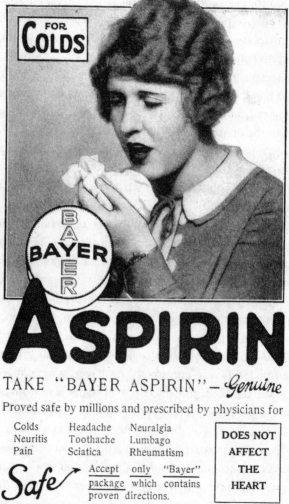

Aunque no todo resultó tan sencillo, no al menos para la compañía alemana. Como el ácido acetilsalicílico era un compuesto conocido antes del inicio de su investigación, no logró que la mayoría de los países aceptaran las patentes cursadas para su comercialización en exclusiva, y el campo quedó abierto para cualquiera capaz de fabricarlo. Decenas de empresas se lanzaron a vender el fármaco, si bien con la importante desventaja de no poder usar el nombre de marca aspirina, que pertenecía únicamente a la entidad que lo había registrado. Bayer hizo lo posible por maximizar los réditos que le otorgaba este privilegio, y además de promocionar enérgicamente el producto, comenzó a grabar su logotipo en cada comprimido para diferenciarlo de los elaborados por la competencia.

Y en esas estábamos, cuando sobrevino el evento que consagraría definitivamente a nuestra protagonista. La mal llamada gripe española diezmó la población mundial entre 1918 y 1920, matando al menos cincuenta millones de personas. Un número que se estima hubiese resultado sensiblemente superior de no haber existido la aspirina, que, aunque no cura la influenza, sí reduce la fiebre, lo que dio a no pocos enfermos un alivio vital en su lucha contra la infección.

¿Qué había sido de sus dos posibles descubridores para entonces? Cada uno había seguido un camino diferente. Mientras Hoffmann continuaba en Bayer, y permanecería allí hasta su jubilación, Eichengrün había abandonado la empresa, para establecerse por su cuenta en Berlín. A finales de 1908, y gracias al dinero ganado en su etapa anterior, particularmente fecunda debido a un jugoso contrato que incluía el cinco por ciento de las regalías generadas por las patentes en las que figuraba como inventor único, había inaugurado la «Cellon-Werke Dr. Arthur Eichengrün», especializada en la fabricación de artículos derivados de acetato de celulosa. Y no le había ido nada mal, si consideramos que la firma disponía de catorce empleados en 1915 y cerca de setenta cuatro años después.

Avancemos ahora algo más en el tiempo; detengámonos en la tumultuosa década de los treinta. A estas alturas, la aspirina tiene edad suficiente como para que su descubrimiento sea reflejado en los manuales. Así ocurre al menos en una historia de la ingeniería química escrita en 1934 por un tal Albrecht Schmidt, un antiguo trabajador del gran conglomerado de la industria química alemana al que se había unido Bayer dos lustros antes, la IG Farben. ¿Qué versión recoge? La primera, la que otorga a Felix Hoffmann todo el mérito del hallazgo, y a su padre, el de haberlo inspirado.

Cabe preguntarse qué pensaría de ella Arthur Eichengrün, el candidato desplazado. Creo que se harán buena idea al leer el fragmento siguiente, escrito por él mismo años más tarde, como parte de una carta remitida a la revista *Die Pharmazie*: «En 1941, encontré en la Sala de Honor de la sección química del *Deutsches Museum* de Múnich una vitrina llena de cristales blancos, con la inscripción, "Aspirina: inventores Dreser y Hoffmann". Dreser no intervino en la invención, y Hoffmann siguió mis instrucciones sin conocer el objetivo del trabajo. Junto a ella, había otra similar con acetato de celulosa, de igual manera un producto de importancia mundial, de la que mi primacía en su descubrimiento es indudable ya que quedó establecida en una serie de patentes entre 1901 y 1920. La acompañaba la expresión "Acetilcelulosa-Cellit", se habían abstenido de nombrar al inventor. Pero en la puerta principal del museo había un gran cartel que prohibía la entrada a los no arios. A buen entendedor, pocas palabras bastan».

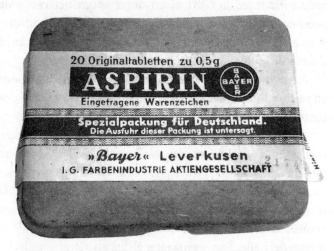

Paquete antiguo de aspirina con la advertencia: «La exportación desde Alemania está prohibida» [Nikolay Komarov].

¿Hasta qué punto el ascenso de Adolf Hitler al poder en Alemania resulta relevante en nuestra búsqueda? De acuerdo al relato de Eichengrün, completamente. Y, desde luego, descorazona repasar su devenir vital a partir de 1933. Veamos. Ese mismo año, se le obliga a vender a socios arios el cincuenta y un por ciento de su empresa, que altera su denominación para eliminar el nombre de quien la había fundado. En 1938, debe renunciar al cuarenta y nueve por ciento restante, como única opción para que la compañía siga accediendo a contratos públicos. Al mismo tiempo, las tasas abusivas que el régimen nazi impone a los judíos minan su situación económica, lo que le fuerza a cambiar de residencia repetidas veces. Y aún puede sentirse afortunado, pues su posición social y el hecho de estar casado con una mujer aria le han salvado de represalias mayores. Pero en octubre de 1942 es acusado de enviar dos cartas sin añadir la palabra «Israel» en la firma, una exigencia de obligado cumplimiento para las personas de origen hebreo, y acaba preso unos meses después. Y así sigue hasta mayo de 1944, cuando a la edad de setenta y seis, es deportado al campo de concentración de Theresienstadt, donde sobrevive a duras penas hasta la liberación del mismo por parte del ejército soviético.

En 1949, poco antes de morir, redactó la carta anteriormente citada, publicada tan solo dos semanas antes de su fallecimiento. En ella, se detalla la que he llamado segunda versión del hallazgo, que contradice la aparecida durante el periodo de represión nazi. ¿Qué pruebas hay de su veracidad? Por desgracia, únicamente circunstanciales. La documentación conservada no la confirma, si bien tampoco la desmiente e, incluso, la mantiene como probable. Bayer, sin embargo, continúa atribuyendo a Hoffmann el logro en exclusiva, bajo el argumento de que es el único al que los cuadernos de laboratorio atestiguan como responsable. Acaso no quieran remover un pasado en especial doloroso, ni hurgar en una herida todavía sensible. Sería comprensible, qué duda cabe. No obstante, al que esto escribe, le resulta imposible no defender la memoria de un hombre de evidente talento, al que un régimen criminal arrebató todo, y cuyo último empeño en la vida fue escapar del olvido al que lo habían sentenciado. Descanse en paz, Dr. Arthur Eichengrün, descubridor de la aspirina.

Sello estadounidense de la serie *Black Heritage* que homenajea al químico Percy Lavon Julian (1899-1975), 1993 [Olga Popova].

14. PERCY JULIAN O EL SUEÑO AMERICANO

Percy Julian se encontraba en una situación límite. Su única oportunidad pasaba por lograr un descubrimiento que le destacase dentro del panorama químico del momento. Si no lo conseguía, su carrera como científico habría terminado. Y esa era la ambición que había guiado su vida, por lo que tenía que agarrarse a esta última ocasión como a un clavo ardiendo. Pero no le quedaba mucho tiempo, sus superiores en la Universidad DePauw lo habían dejado claro. Debería abandonar la institución en cuanto agotase los fondos que había obtenido para iniciar su trabajo.

Su situación no era justa, desde luego. Pero, como cualquier negro nacido en Alabama en las postrimerías del siglo XIX, sabía que no habitaba en un mundo justo. No al menos con él. Luchaba en un país de blancos con reglas puestas por blancos. Si algo había aprendido en sus treinta y cinco años de existencia era eso. El sistema de segregación imperante en el sur de los Estados Unidos por aquella época no dejaba lugar a dudas. De hecho, si echaba la vista atrás, perfectamente podía comparar su vida con una larga y extenuante carrera de obstáculos.

Nunca había tenido la oportunidad de seguir un camino expedito. Una y otra vez, se había visto frenado por una sociedad llena de prejuicios. Desde su Montgomery natal, donde los negros no podían acceder a una educación superior y hasta las bibliotecas públicas les quedaban vedadas. Para qué, si estaban destinados a labores manuales. Menos mal que sus padres nunca habían pensado así. Él empleado de ferrocarriles, ella maestra, ambos se habían esforzado en conseguir que sus hijos complementaran en casa la modesta formación escolar que el estado estimaba suficiente para los de su raza. El pequeño Percy, además, mostraría siempre una brillantez singular. En él se aunaban talento y determinación. Unas cualidades que en los siguientes años habría de desarrollar al límite para obtener un doctorado en química, un éxito colosal para un nieto de esclavos.

No fueron pocos los obstáculos a los que se había enfrentado para alcanzar ese logro. Pero todos los fue superando gracias a una perseverancia fuera de lo corriente. A pesar de no haber podido acceder al instituto, a los diecisiete años había conseguido una de las pocas becas que la Universidad DePauw concedía a estudiantes negros. Allí cumpliría con la ardua tarea de compaginar sus estudios en la facultad con otros preparatorios en un instituto, además de trabajar para costearse su manutención. Un reto del que había salido airoso gracias a la misma voluntad inquebrantable de la que haría gala toda su vida, y que iba acompañada de una ambición que ni de lejos se vio colmada con un simple graduado. En DePauw, Julian había descubierto su vocación por la investigación química y hecho el firme propósito de no cejar en su empeño hasta obtener un doctorado.

Los prejuicios que despertaba su color de piel, sin embargo, limitaban sus posibilidades. Por ello, durante dos años había ejercido como maestro en una escuela para negros. Hasta encontrar una oportunidad, que finalmente había llegado a través de una beca de la Universidad de Harvard. Todavía podía recordar la euforia del momento, no existía lugar mejor para iniciar una carrera científica. Poco podía imaginar en ese instante que unos meses después se vería obligado a cerrar en falso la experiencia. El motivo, demasiadas mentes bien pensantes no aceptaban que un negro fuese profesor de alumnos blancos. Y sin la posibilidad de ganar un sueldo como docente no había manera de cumplir su objetivo, por lo que había tenido que abandonar aquella prestigiosa institución con tan solo una maestría.

Tardaría tres largos años en conseguir una segunda ocasión, esta vez gracias a una beca de la Fundación Rockefeller para estudiar en Europa. La disfrutaría en Viena, donde el nazismo todavía no había aparecido y su color de piel solo suponía una nota exótica. Allí, Julian había vivido algunos de sus años más felices, libre de prejuicios de raza que le impidiesen llevar una animada vida social y sobresalir en su trabajo. Tanto, que su supervisor en la universidad, el experto en productos naturales Ernst Späth, describiría más tarde al estadounidense como el doctorando más brillante de su larga carrera investigadora.

Y así, en 1931, el Dr. Julian había regresado a Estados Unidos, dispuesto a enfrentarse de nuevo a las mismas barreras raciales que había dejado a su partida. Pero esta vez no iba a resultar fácil frenarle, la experiencia europea le había cargado de conocimientos y ánimos, y no tenía ninguna intención de renunciar a su carrera científica. Este era el propósito con el que había aceptado su actual puesto de profesor asistente en la Universidad DePauw, si bien la triste realidad social de su país lo había vuelto a colocar en una situación comprometida. Como ya le había sucedido en Harvard, le habían prohibido impartir clases. La poderosa sección local de la Legión Estadounidense había presionado a sus superiores hasta conseguirlo. Por eso necesitaba significarse como un investigador de prestigio, no se le ocurría otra manera de reforzar su débil posición dentro de la universidad. Estaba obligado a lograr un éxito de especial mérito. Y no había encontrado desafío más estimulante que realizar la primera síntesis artificial de la fisostigmina, un producto natural con importantes aplicaciones médicas e historia singular.

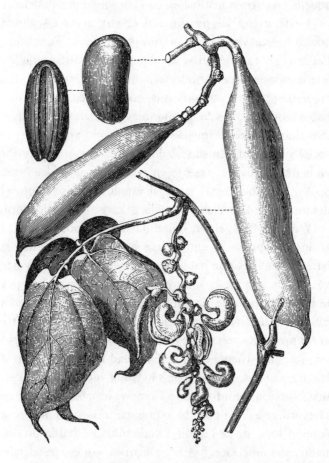

Ilustración de haba de Calabar (*Physostigma venenosum*), extraída de *Meyers Konversations-Lexikon*, 1897.

Las primeras crónicas sobre el *Esere* databan de mitad del siglo XIX. Procedían de distintos misioneros de la iglesia presbiteriana de Escocia, que divulgaron su buena nueva en el actual sureste de Nigeria. Allí, en la desembocadura del río Calabar, se extendía una abigarrada área portuaria donde barcos ingleses y holandeses recalaron con frecuencia en busca de aceite de palma, igual que unas décadas antes lo habían hecho para comprar esclavos. Y como su dominio colonial no estaba todavía plenamente asentado, tanto unos como otros habían aparentado guardar pleitesía al reyezuelo de la zona, un déspota que, de acuerdo a las narraciones conservadas, administraba justicia entre sus súbditos mediante un irracional método de origen ancestral.

Varios europeos asistieron como testigos a esos juicios divinos. Sus relatos cuentan como los sospechosos condenados por brujería, una acusación habitual en un pueblo que creía su vida regida por ocultos poderes espirituales, eran obligados a ingerir varias semillas de una leguminosa tóxica, el *Esere*, que en Europa se conocería como haba de Calabar. El veredicto llegaba solo. Si el amargor de los alcaloides de las semillas llevaba al reo a vomitar, este se salvaba y era absuelto; si por el contrario no expulsaba las habas, el veneno hacía su efecto y la muerte evidenciaba su culpabilidad. A partir de ese patrón común, los testimonios atestiguan la existencia de distintas modificaciones. En ocasiones, se aplastaban las semillas y se ponían en agua, utilizando la emulsión lechosa resultante. Otras, el proceso se realizaba a petición del propio sospechoso, que veía en esa prueba una manera de demostrar su inocencia. Incluso se habían utilizado en duelos, en los que cada contrincante debía comer la mitad de una misma haba y que perfectamente podían terminar con los dos adversarios muertos.

La toxicidad del *Esere* proviene del alcaloide fisostigmina, segregado por la planta para alejar a sus depredadores. Si bien también se le habían descubierto diversos usos médicos, entre ellos, el tratamiento del glaucoma. Aclaremos que este no es un caso aislado, son varios los venenos tribales que han encontrado aplicación como fármacos. Por poner otro ejemplo, la tubocurarina presente en el temido curare ha sido utilizada como relajante muscular en anestesia. Ya lo dijo el médico suizo Paracelso, «solamente la dosis hace al veneno». Toda sustancia llega a ser dañina a partir de cierta cantidad y, al mismo tiempo, por debajo de ese umbral no solamente puede ser inocua, sino también valiosa.

Eso sí, ni todos los venenos tienen aplicaciones médicas, ni el camino que lleva de un empleo a otro es trivial. En el caso de la fisostigmina, este trayecto se había completado gracias al tesón de un puñado de científicos tan brillantes como audaces. Como Robert Christison, el médico escocés que había descrito los efectos tóxicos del haba de Calabar tras experimentar con ella en propia persona. O Mary Walker, que había descubierto que este producto natural es un eficaz tratamiento contra la miastenia gravis a pesar del desdén de sus colegas masculinos. Julian, que también sabía lo que era sufrir los prejuicios de sus iguales, pretendía sumarse a esa distinguida lista. Su síntesis artificial no solo serviría para ratificar definitivamente la estructura química de la fisostigmina, sino también para desarrollar un método de obtención alternativo a la extracción de la fuente vegetal.

Se trataba, sin embargo, de un desafío superlativo, que estaba requiriendo un esfuerzo igual de extremo. Además, su equipo de trabajo se reducía a dos personas, él y su fiel compañero de fatigas Josef Pikl, con el que colaboraba desde sus días felices en Viena. Ambos llevaban meses compartiendo jornadas laborales interminables que se extendían a los fines de semana. No les quedaba otra. A la propia dificultad del proyecto, y su comprometida situación en DePauw, había que sumar un hándicap añadido. No estaban solos en la carrera. Nada menos que el gran Robert Robinson, que dirigía en la Universidad de Oxford uno de los grupos de investigación química más pujantes del momento, perseguía el mismo objetivo. Y solo habría premio para uno, para el primero que culminase con éxito la síntesis del ansiado alcaloide.

Sir Robert Robinson en la puerta del laboratorio Dyson Perrins, Oxford, década de 1930 [History of Science Museum].

Como dos grupos de alpinistas que encaran la ascensión a un mismo pico desde caras distintas, Julian y Robinson habían diseñado dos rutas sintéticas diferentes destinadas a finalizar en un mismo punto. Pero al contrario de los montañeros, ellos podían seguir las evoluciones de su contrincante. Los artículos que ambos científicos iban publicando con sus resultados preliminares les habían servido para vigilarse desde la distancia. Y daba la sensación de que el equipo británico estaba haciendo valer su mayor fuerza de trabajo. En su última comunicación, Robinson había descrito la síntesis del intermedio eserethol, lo que lo situaba a tan solo dos pasos de la meta. Pero algo no cuadraba. Julian acababa de obtener ese mismo compuesto y sus propiedades físicas no coincidían con las descritas por su rival.

¿Qué estaba ocurriendo? Solo había una respuesta posible, en algún punto de su ruta sintética, uno de los dos grupos había obtenido un compuesto no esperado y había seguido adelante sin percatarse de que se estaba alejando del camino correcto. Un error que resultaba del todo comprensible, al fin y al cabo solo disponían de dos técnicas para elucidar la estructura química de los productos obtenidos, el análisis elemental, con la que deducían la fórmula molecular, y los ensayos de derivatización, con los que determinaban los grupos funcionales presentes en ella. El problema era saber quién de los dos se había equivocado.

Julian, que había realizado los ensayos de elucidación con sus propias manos, estaba convencido de la validez de sus datos. Tenían que ser los británicos los confundidos. Pero no lo sabría con certeza hasta finalizar la síntesis de la fisostigmina y comparar las propiedades físicas del compuesto obtenido con las del alcaloide extraído del haba de Calabar. Demasiado tiempo, no podía esperar tanto. E incluso aunque pudiese no tenía la menor intención de hacerlo. Necesitaba un golpe de efecto, y por ello estaba a punto de jugarse a una sola carta su todavía incipiente carrera científica.

Antes de enviar su cuarta comunicación sobre la síntesis de la fisostigmina, Julian la revisó por última vez. En ella, describía su síntesis del intermedio eserethol y las discrepancias con los resultados de Robinson. Y no se había andado por las ramas: «En una serie de diez excelentes artículos, Robinson y sus colegas han descrito las síntesis de dos compuestos, que denominan "d,l-Eserethol" y "d,l-Esermethol". Sin embargo, su "d,l-Eserethol" no es el compuesto descrito en esta comunicación como "d,l-Eserethol", cuya composición no admite dudas. Creemos que los autores británicos han cometido un error, el compuesto que reseñan como "d,l-Eserethol" no es la sustancia correcta y nosotros estamos describiendo por primera vez el verdadero "d,l-Eserethol"».

La suerte estaba echada. Si, como creía, estaba en lo cierto, su nombre reluciría como pocos en el panorama de la química orgánica del momento. Pero, si se equivocaba, habría cuestionado en falso resultados publicados por un científico de especial prestigio, y caería en el descrédito. Daba vértigo de solo pensarlo. Así que no lo hizo más, introdujo el manuscrito en un sobre y lo entregó para que fuese enviado a la sede de la *American Chemical Society*.

Las semanas siguientes fueron de enorme tensión. Julian confiaba plenamente en sus resultados, pero sabía que siempre existe margen para el error. Y que este le saldría muy caro. Poco después de la publicación de su comunicación recibió un telegrama de su antiguo supervisor en Harvard. Decía: «Rezo porque tengas razón. Te espera un negro futuro si no es así».

Pero no habría de qué preocuparse. Julian y Pikl continuaron su trabajo hasta completar la síntesis de la fisostigmina, y su producto fundió exactamente a la misma temperatura que el alcaloide extraído, prueba inequívoca de que se trataba del mismo compuesto. La carrera estaba ganada. Serían sus nombres los que figurarían como autores de la primera síntesis total de este producto natural, que publicaron en una quinta y definitiva comunicación en el *Journal of American Chemical Society*.

Laboratorios de todo el mundo enviaron telegramas de felicitación. Tal y como deseaba Julian, su logro le había aupado a la primera fila del escaparate científico del momento. Si bien, no le sirvió para continuar en DePauw. Los gerifaltes de la universidad aplaudieron su éxito, pero mantuvieron su decisión de no renovarle el contrato. No había marcha atrás. Simplemente, la sociedad en la que vivían no admitía que un negro impartiese clases a alumnos blancos. Poco importaba la brillantez de Julian, se enfrentaba a un muro infranqueable. A pesar de haberse significado como uno de los químicos más talentosos de su generación, se veía expulsado del mundo académico para no volver jamás.

La síntesis total de la fisostigmina publicada en 1935 por Julian y Pikl figura hoy como un hito de la química. En una época en la que no existían la mayoría de las técnicas de determinación estructural, ni muchas de las reacciones utilizadas actualmente, constituye una de las primeras síntesis de una molécula compleja a partir de compuestos de partida simples. Un trabajo pionero que, no solo demostró el potencial de una disciplina científica que iniciaría su edad dorada una década más tarde, sino que, además, dio lugar a notables aplicaciones prácticas. Por ejemplo, posibilitó la obtención de análogos de este alcaloide, algunos de los cuales han acabado formando parte de nuestra farmacopea. La neostigmina, empleada contra la miastenia gravis, o la rivastigmina, que se ha mostrado eficaz en el tratamiento de la demencia, se encuentran entre los más destacados.

Nuestro protagonista, sin embargo, se benefició poco de su éxito. Llegaría a ver su labor reconocida, pero para ello tuvo que esperar hasta el final de su carrera. Y, mientras tanto, su vida siguió siendo un continuo porfiar en una sociedad que catalogaba a sus ciudadanos por el color de su piel. Muchas puertas se le cerraron por culpa de los prejuicios racistas. Como la de la compañía DuPont, que le llamó para una de las entrevistas de trabajo más cortas que se recuerda. «Lo sentimos, no sabíamos que era negro», se disculparon sus directivos al ver a Julian en persona.

No hablamos de un caso aislado, «nunca hemos contratado a un investigador negro, no sabemos si funcionaría» se convirtió en respuesta habitual a sus solicitudes de empleo. Aunque siempre hay alguien capaz de ver más allá. En este caso se llamaba William J. O'Brien y ejercía como vicepresidente de la compañía Glidden, que ofreció a Julian el puesto de director de investigación en su departamento de productos procedentes de la soja, situado en Illinois. Acertaría de pleno. Durante los dieciocho años que pasó en Glidden, Julian desarrollaría más de cien patentes, transformando su área en la más boyante de la empresa. Desde plásticos y pegamentos hasta aditivos alimentarios y comida para perros, en una multitud de productos derivados de la soja que inundaron el mercado. Como también hormonas esteroideas, para las cuales Julian desarrolló un método de obtención a escala industrial a partir del producto natural presente en la soja estigmasterol.

El Dr. Percy Julian recibe el premio *Decalogue Society Award*, 1950.

Al fin, Julian veía como su esfuerzo redundaba en cierto reconocimiento y bonanza económica. Glidden ganó mucho dinero gracias a él, pero también le pagó en consonancia, por lo que pudo mudarse con su mujer y sus dos hijos a un elegante suburbio a las afueras de Chicago, Oak Park. Un salario alto, en cualquier caso, no equivale a aceptación social y hubo quien no aceptó de buen grado su llegada a este exclusivo barrio. En pocas semanas, su vivienda sufrió un incendio provocado y una explosión causada por una bomba. Nada de eso le arredraría, Julian residió en Oak Park el resto de su vida.

Allí fundaría en 1953 los laboratorios Julian, iniciando su carrera como empresario. Una apuesta arriesgada con la que buscaba centrarse en la producción de hormonas esteroideas, industria que vivía por aquel entonces sus años de máximo esplendor. Este salto le obligaría a abandonar Glidden, así como a empeñar toda su fortuna, pero se demostraría totalmente acertado. Ocho años más tarde, GlaxoSmithKline compró su compañía por dos millones de dólares y le hizo millonario. Y, con este nuevo estatus, también llegaría un tardío reconocimiento del mundo académico, que le concedió diversos galardones. Pasados los sesenta años, Julian era un hombre rico y respetado, pero no por ello menos emprendedor. Gracias al dinero de la venta de sus laboratorios, acometería su última aventura, la creación del Julian Research Institute, una organización sin ánimo de lucro dedicada a formar a jóvenes químicos que dirigió hasta su muerte.

Percy Julian falleció en 1975 dejando una huella enorme tras de sí. A pesar de las dificultades que se vio obligado a enfrentar, brilló en cada una de las empresas que acometió. Científico de prestigio, empresario de éxito, filántropo respetado, siempre lamentó no haber tenido la oportunidad de continuar su carrera científica de la manera que hubiese deseado, pero pocos químicos pueden presumir de una vida laboral más fructífera. Más aún, su lucha por ser valorado por sus méritos, y no por el color de su piel, fue y sigue siendo un ejemplo para una sociedad que, en el curso de una vida humana, ha sabido evolucionar desde la segregación absoluta hasta la elección como máximo gobernante de un individuo, Barack Obama, de un grupo étnico que antaño fue visto como inferior.

El químico estadounidense Gordon Alles
[California Institute of Technology].

15. VELOCIDAD

Hay fechas que permanecen indelebles. Jornadas trascendentales que perviven en la memoria colectiva. El viernes 14 de junio de 1940 figura sin duda entre ellas. A primera hora de la mañana de ese día, antes incluso del amanecer, las tropas de la *Wehrmacht* irrumpieron en las calles de París. No encontrarían resistencia alguna. Ni un solo disparo frenaría su avance hacia el sur. El gobierno francés había declarado a su capital ciudad abierta tres días antes, y cuatro quintas partes de su población la había abandonado. En consecuencia, los alemanes penetraron en una metrópoli semivacía que pudorosamente se entregaba a su voluntad. Su victoria parecía completa. Y como demostración, a media tarde desfilaban triunfantes por los Campos Elíseos, mientras la Esvástica ondeaba en el Arco del Triunfo.

Esta icónica imagen puso fin al primer acto de la Segunda Guerra Mundial. En poco más de un mes, el frente aliado se había desmoronado ante el empuje rival. La línea *Maginot* se había demostrado tan obsoleta como las mentes del estado mayor franco británico. Ambas seguían ancladas en los planteamientos que habían dominado la última gran contienda continental, sin entender la auténtica revolución en táctica militar que permitían dos décadas de adelantos tecnológicos. La pelea entre trincheras y las cargas a la bayoneta habían quedado superadas por los carros de combate, la aviación y la infantería motorizada. Pero solo un bando había mostrado la audacia suficiente como para organizar sus efectivos en torno a estas innovaciones: el nazi. Su apuesta por la *Blitzkrieg* había desbaratado completamente la defensa aliada. Desde un primer momento, con las divisiones *Panzer* adentrándose en los supuestamente infranqueables bosques de las Ardenas, pasando por la hasta ese momento inédita capacidad de recorrer centenares de kilómetros en una jornada, la velocidad de acción alemana había resultado imbatible. Nunca daban respiro, nunca desfallecían en su actividad frenética. Un despliegue arrollador del que el fervor de quien se cree superior no fue el único responsable, pues contó además con la inestimable ayuda de una de las más recientes novedades de la farmacopea.

Doce años antes, en California, el estadounidense Gordon Alles había descubierto una sustancia sorprendente. Su consumo mejoraba la atención, incrementaba la autoconfianza y disminuía la sensación de hambre y fatiga, cualidades todas ellas muy valiosas en el frente. Sin embargo, como tantas veces en ciencia, el hallazgo había tenido mucho de fortuito, ya que el joven químico simplemente buscaba un remedio contra el asma. Para ello, había sintetizado decenas de moléculas similares a la efedrina, un producto natural extraído de una planta, la efedra, que en China se empleaba desde antiguo tanto como tónico como para calmar la tos. Pero, muy a su pesar, en vez de intensificar el segundo efecto, había logrado lo contrario, generar un potente estimulante que acabaría encontrando usos muy diferentes a los que inicialmente había planificado.

Aun así, y haciendo de la necesidad virtud, Alles había patentado su invención, así como traspasado a la empresa Smith, Kline and French, que rápidamente la había comercializado. Esta velocidad tiene bastante que ver con lo laxo de la época, los rigurosos controles de seguridad actuales tardarían años en llegar, pero también con que la compañía farmacéutica ya estaba investigando estos compuestos. Las anfetaminas, pues no son otras las moléculas que nos ocupan, habían sido descritas previamente, si bien hasta ese momento no se habían estudiado sus propiedades, y de ahí la reivindicación del químico norteamericano.

De este modo, primero dentro de un inhalador contra la congestión nasal y luego en forma de pastillas para el tratamiento de dolencias que iban de la narcolepsia y la depresión a las curas adelgazantes, la anfetamina había entrado en el mercado estadounidense bajo el nombre de marca Bencedrina. Y como su éxito había sido muy rápido, no olvidemos que hablamos de una época con muy pocos medicamentos disponibles, en seguida habían aparecido versiones similares en otros países. Entre otras, la Pervitina, que estaba compuesta por un derivado todavía más potente de esta familia de fármacos, la metanfetamina. Esa, precisamente, era la sustancia cuyo poder estimulante se había convertido en parte fundamental de la estrategia militar germana.

En el transcurso de la ofensiva que condujo a los alemanes a invadir de un solo plumazo Holanda, Bélgica y Francia, sus tropas utilizaron más de treinta y cinco millones de pastillas de metanfetamina. Un consumo brutal, al que sin duda podemos responsabilizar de su insólito dinamismo en combate. Solo bajo los efectos de este estupefaciente, se explica el estado de excitación constante que permitió tanto a oficiales como a soldados mantenerse en todo momento activos, alertas e inasequibles al cansancio. Y, sin embargo, a pesar del innegable éxito, esta sería la última ocasión en que emplearían en tal cantidad ese recurso a primera vista infalible. La razón es simple, nada sale gratis. Una vez pasada la euforia, el mando nazi tuvo que admitir que el uso masivo de estimulantes presentaba inconvenientes evidentes.

Póster publicitario de Adelgaton, que contenía sulfato de anfetamina [Lit. Ortega, Valencia].

Hay que aclarar que, en realidad, esta táctica aún estaba en fase de validación. La idea había nacido tan solo dos años antes, con una serie de ensayos que Otto Ranke, a la sazón director del Instituto de Fisiología General y de la Defensa de la Academia de Medicina Militar de Berlín, había realizado con varios de sus estudiantes para determinar la capacidad de la Pervitina en la mejora del rendimiento físico. Y si bien sus optimistas conclusiones habían seducido al propio Adolf Hitler, y por ello primero se había probado a pequeña escala en la Guerra Civil Española y luego de manera intensiva durante la campaña de Polonia, todavía planteaba muchos interrogantes. Porque la convicción en uno mismo puede degenerar en exceso de confianza, y la agresividad con el adversario en insubordinación y reyertas entre compañeros. Y eso era precisamente lo que había ocurrido, un número desproporcionado de accidentes y conflictos internos. Por no hablar de otros problemas añadidos, como los numerosos casos de adicción detectados y los ineludibles periodos de recuperación cuando a los hombres su cuerpo les decía basta.

Ante estas evidencias, los alemanes decidieron reducir su consumo de anfetaminas, que a partir de entonces quedaron restringidas a las fuerzas de élite, al menos oficialmente. No obstante, continuaron desempeñando un papel relevante en la contienda, más si cabe, si tenemos en cuenta que la bajada en un bando coincidió con el despegue en el contrario.

En junio de 1940, tras un bombardeo de la *Luftwaffe*, una patrulla inglesa descubrió en un avión derribado unas pastillas sin identificar. Un incidente aparentemente trivial pero que actuaría como pistoletazo de salida. Pocas semanas después, tras averiguar su composición, los británicos comenzaban a su vez a suministrar el estimulante de moda entre sus pilotos. A la larga, casi todos los participantes en la Segunda Guerra Mundial acabarían confiando en mayor o menor medida en las bondades de las anfetaminas. La única excepción, curiosamente, la encontramos en el país que más contribuyó a la victoria aliada, la Unión Soviética de Stalin, que siguió fiel al vodka. En el otro extremo se ubicaría Japón, que no solamente las proporcionó a su ejército, sino que además estableció una dosis diaria para la población civil involucrada en el esfuerzo bélico. Y en una situación intermedia podríamos colocar a los Estados Unidos y Gran Bretaña, puesto que, sin llegar a los excesos nipones, se servirían de ellas abundantemente y terminaron por incluirlas en sus botiquines médicos.

Como consecuencia, se produjo un proceso de habituación que influiría sobremanera en la percepción que posteriormente se tuvo de estos estimulantes. De hecho, en las décadas de los cincuenta y los sesenta, varias naciones experimentaron una especie de idilio con ellos, y muchas profesiones los integraron en sus rutinas. Los camioneros los tomaban para soportar sus largos turnos al volante, los universitarios para mantener el ritmo de estudio en época de exámenes, los atletas para mejorar sus marcas y, en general, cualquiera para sentirse chispeante o derrotar la sensación de cansancio. Por ello, no conviene ser demasiado severo en nuestro juicio cuando leemos que dirigentes como Winston Churchill o John F. Kennedy recurrían sin reparos a sus servicios.

Para ser exactos, en cualquier caso, habría que añadir que este tipo de prácticas ya se daban en la segunda mitad de los años treinta, al menos de forma incipiente, si bien la familiaridad que provocó el uso indiscriminado de anfetaminas en el frente las multiplicó. Tengamos en cuenta que una cuarta parte de la población masculina estadounidense había intervenido en la guerra y se había acostumbrado a ver las *bennies*, como cariñosamente llamaban a las pastillas de Bencedrina, como un componente más de su día a día. Una cotidianidad, además, que tardaría en interrumpirse, pues el ejército estadounidense volvería a utilizarlas profusamente durante sus siguientes conflictos bélicos. A pesar de la inexistencia de pruebas que demostrasen las ventajas de su empleo en el desempeño militar, la percepción subjetiva de enardecimiento del espíritu guerrero fue suficiente para que los mandos de este país mantuviesen su fe en ellas. Hasta que sobrevino la primera derrota, claro. El descalabro de Vietnam obligó a la potencia norteamericana a replantear su perspectiva sobre distintos aspectos, entre los cuales estaba la alta aceptación de la que gozaba este fármaco.

En junio de 1971, el presidente Richard Nixon anunciaba el inicio de la «guerra contra las drogas», al identificarlas como enemigo público número uno de la nación. Hay quien no quiso ver tras esta pomposa declaración más que una cortina de humo para disimular el fracaso asiático, pero lo cierto es que las medidas contra los estupefacientes se endurecieron enormemente. El principal objetivo fue la heroína, a la que se la responsabilizó de los elevados niveles de criminalidad. No obstante, las anfetaminas también quedaron señaladas, y por fin se llamó la atención sobre los problemas de adicción, y los trastornos mentales, que su consumo abusivo puede ocasionar.

Como respuesta, se decretó que su uso legal quedase reducido al ámbito terapéutico bajo un estricto control médico, norma que rige internacionalmente en la actualidad, aunque con poco éxito. El crimen organizado sustituyó a la industria farmacéutica en su papel de productor, y esta sustancia sigue siendo accesible a un módico precio. Quien desea *speed*, cristal o comoquiera que la calle la nombre ahora, tanto da, la localiza sin excesivos agobios. Con una importante diferencia, eso sí, en el mercado negro no hay manera de conocer ni la calidad ni la peligrosidad del género que se adquiere.

Portada del libro *War and Drugs*, de Dessa K. Bergen-Cico.

Una última cuestión, antes de finalizar. Quizá resulte interesante volver al punto de partida, la influencia que tuvieron las anfetaminas en la Segunda Guerra Mundial. Y a una pregunta: ¿era la primera vez que se empleaban drogas de forma masiva en un enfrentamiento armado? La respuesta es no, un contundente no, puesto que han formado parte integral de los conflictos bélicos desde que estos existen. Su apoyo ha resultado fundamental tanto para acrecentar la determinación antes del combate, como para soportar el lastre emocional que deja tras él. No hay que olvidar lo terriblemente traumático de la vivencia, así como la necesidad del soldado, que normalmente no es más que una persona asustada, de lidiar por un tiempo indeterminado con sus ansiedades y sus miedos.

Aunque se cuentan por decenas los estupefacientes utilizados a lo largo de la historia militar, no cabe duda de que el alcohol, al que por su condición de legal a veces nos cuesta ponerlo en la categoría a la que realmente pertenece, ha reinado entre todos ellos. Los héroes homéricos ya recurrían al vino para mitigar la pena causada por la muerte de un compañero, en una escena que se ha repetido innumerables veces desde entonces. Pero es que, además, las bebidas alcohólicas han infundido coraje a centenares de generaciones de guerreros e impregnado el ambiente de un sinfín de campos de batalla. Sin exagerar, podríamos afirmar que el Imperio británico se construyó a base de raciones de ron, igual que previamente el español mediante la valiosa asistencia del fermentado de mosto de uva.

Y si nos acercamos en el tiempo, cada vez encontramos una mayor variedad tanto de narcóticos como de estimulantes involucrados en la actividad bélica. Así, por ejemplo, si nos centramos en estos últimos, descubrimos que la cocaína cumplió en la Primera Guerra Mundial una función similar a la que tendrían las anfetaminas años después, y que en la Siria actual ese rol está ocupado por el fármaco captagón. Esta medicina, al que los medios de comunicación han bautizado como «la droga de los yihadistas», nació como tratamiento para el déficit de atención, pero su efecto excitante la ha vuelto tremendamente popular en Oriente Próximo. Hoy, es empleada indistintamente por integrantes de las diferentes facciones enfrentadas en esa caótica contienda civil.

En fin, parece evidente que existen hábitos consustanciales al ser humano. Me atrevería a decir que dos de ellos son el consumo de estupefacientes y la tendencia a resolver nuestras disputas de manera violenta. Nos guste o no, las guerras y las drogas han ido de la mano de nuestra especie desde su inicio, y es difícil imaginar un futuro en el que las profundas pulsiones psicológicas que subyacen detrás de su utilización hayan sido vencidas. Conviene recordar esta realidad a la hora de encarar las problemáticas que generan.

16. NUNCA TANTOS DEBIERON TANTO A TAN POCOS

En febrero de 1941, Gran Bretaña vivía en plena zozobra. Aunque continuaba en pie gracias a la defensa natural del Canal de la Mancha y la bravura de su Fuerza Aérea, la *Luftwaffe* ponía a prueba cada noche su determinación de no doblegarse ante el poder alemán. Los bombardeos estaban reduciendo a escombros las principales ciudades del país y los muertos se contaban por decenas de miles. Incluso las poblaciones como Oxford, que quedaban al margen de estos ataques, sufrían los nefastos efectos de la guerra. Escasez de suministros, continuos cortes de luz, llegada de refugiados procedentes de las zonas más afectadas, por no hablar del temor a una posible invasión nazi, circunstancia que los habitantes de la isla tenían bien presente.

Howard Florey no suponía una excepción, si bien podía considerarse un hombre afortunado al haber encontrado la forma de salvaguardar lo que le era más preciado. El pasado julio había acompañado a sus dos hijos, Paquita de diez, Charles de cinco, hasta Liverpool, para que embarcasen rumbo a la seguridad que ofrecían los Estados Unidos. Unos días después, él y varios miembros de su equipo del Departamento de Patología habían rociado los forros de sus chaquetas con esporas del hongo con el que trabajaban. En caso de ocupación alemana, todos los científicos del país habían recibido la orden de destruir sus investigaciones antes de que acabasen en manos enemigas. Pero ellos no conocían otro moho que segregase penicilina y, si los peores presagios se confirmaban, esas indetectables esporas mantendrían viva la posibilidad de reiniciar un estudio que prometía abrir una nueva era en la lucha contra las enfermedades infecciosas.

Howard Walter Florey junto a Harry Norman Green, Louis Cobbett y Henry Roy Dean, c. 1935 [Wellcome Collection].

Las pruebas con animales no podían haber resultado mejor. En dos experimentos distintos, el grupo de Florey había infectado ratones con estreptococos y observado su evolución según se les suministrara penicilina o no, encontrando que solo aquellos que habían sido tratados con este asombroso fármaco sobrevivían. Nunca antes se había descubierto una sustancia con unas propiedades antibacterianas semejantes. ¿Mantendría la misma efectividad con nuestra especie?

Para averiguarlo, Florey se había trasladado junto con parte de su equipo al cercano *Radcliffe Infirmary*. Allí, como en todos los hospitales que conocía, multitud de desahuciados se amontonaban debido a infecciones que sus médicos no tenían forma de combatir. De orígenes de lo más variado, pues cualquier pequeña herida, hemorragia postparto o contagio de enfermedades como la neumonía podían motivarlas, demasiado a menudo evolucionaban hacia un desenlace común, la diseminación de las bacterias patógenas por el torrente sanguíneo y la consiguiente muerte del paciente. Por ello, no habían sido pocos los voluntarios dispuestos a someterse a la incierta suerte que entrañaba su revolucionario tratamiento experimental.

Antes de comenzar, sin embargo, habían tenido que comprobar la inocuidad de la penicilina en seres humanos. Para ello habían contado con la ayuda inestimable de Elva Akers, una paciente de cáncer terminal que se había prestado a ejercer como conejillo de indias a pesar de saber que su penosa condición en ningún caso mejoraría. Hermosa manera de despedirse, dejando tras de sí un legado valioso. Gracias a su gesto, no solamente habían podido confirmar la no toxicidad del fármaco, sino también revelar en él la presencia de varias impurezas que causaban fiebre. Un contratiempo que les había llevado de vuelta a su laboratorio en la universidad pero que, una vez superado mediante la mejora del proceso de purificación, les había preparado definitivamente para dar el gran paso.

El primer paciente seleccionado se llamaba Albert Alexander y llevaba cuatro meses luchando contra una infección causada por un simple rasguño en la cara. Ni podar los rosales del jardín resultaba seguro en la era preantibiótica, ya que cualquier pequeño accidente podía terminar en tragedia. Este era el caso, el de una batalla casi perdida a pesar de las buenas condiciones físicas propias de un policía de cuarenta y tres años. Con múltiples abscesos deformando su rostro, los pulmones afectados y un ojo perdido, el estado de Alexander había llegado a un punto de aparente no retorno.

Florey inició el tratamiento inyectándole doscientos miligramos de penicilina, para luego reducir esa cantidad a la mitad en sucesivas dosis administradas a intervalos de entre dos y cuatro horas. En realidad, se trataba de un tiro casi a ciegas teniendo en cuenta que su principal fuente de conocimientos sobre el fármaco provenía de un par de experimentos con roedores tres mil veces menos pesados que el ser humano. Pero funcionó, vaya si funcionó. En tan solo cinco días, Alexander parecía otro. Sin fiebre, con el apetito recuperado y buena parte de las heridas del rostro curadas, la rapidez de su mejora rebasó todas las expectativas. El potencial del antibiótico resultaba evidente. Y hubiese salvado la vida del policía de haberse contado con suficiente medicación.

No la había, por desgracia. Cinco días bastaron para agotar las reservas disponibles de penicilina. En ese tiempo, Florey había utilizado 4,4 gramos, una cantidad de producto que su grupo había necesitado meses en obtener. Ni siquiera procesar la orina del propio paciente para recuperar parte del antibiótico empleado consiguió alargar el tratamiento. Alexander quedó a su suerte, con la única esperanza de que la infección estuviese suficientemente debilitada. No fue así y tras diez días en situación estable volvió a recaer para acabar muriendo.

Durante los dos años que Florey y su equipo de la Universidad de Oxford habían dedicado al estudio de la penicilina, ese había sido siempre su caballo de batalla, obtenerla en gran cantidad. Nunca habían logrado superar por completo esta dificultad, a pesar de haber convertido su instituto en una especie de fábrica de producción del fármaco. Gran parte del quehacer diario de su grupo se reducía a cultivar todo el hongo *Penicillium notatum* que les era posible, y extraer de él el preciado antibiótico. La inestabilidad de este complicaba enormemente el proceso, un inconveniente que ya había derrotado al pionero de esa línea de trabajo, Alexander Fleming. El médico escocés había descubierto en 1928 que el jugo de este moho inhibía el crecimiento de diversas bacterias, entre las que se encontraban las responsables de la gonorrea, la meningitis y la difteria, pero no había sido capaz de ir más allá. Claro que él no contaba con colaboradores de la talla de Ernst Chain o Norman Heatley, quienes durante meses habían exprimido su notable ingenio para idear distintas metodologías con las que aumentar la cantidad de hongo generado y aislar su elusivo principio activo.

Y, aun así, no era suficiente. Su ritmo de producción había bastado para llevar a cabo las pruebas con animales, pero de ningún modo les iba a permitir completar los ensayos con humanos. Y así, ni podrían ayudar a los pacientes que requerían penicilina, ni determinar cuánta ni durante qué periodo debían suministrarla. La realidad es que habían llegado al límite de sus posibilidades. Florey, consciente de ello, había tratado de involucrar a varias compañías farmacéuticas en su empeño, pero todos sus intentos habían fracasado. La obligación de contribuir al esfuerzo bélico elaborando productos de primera necesidad restringía sobremanera la capacidad de estas para afrontar nuevos proyectos. La guerra les estaba abocando a un callejón sin salida. No les quedaba más remedio que buscar ayuda en otro lado si pretendían escapar de él.

Publicidad de la penicilina de los laboratorios
Schenley [Wellcome Collection].

Florey decidió probar suerte en los Estados Unidos, donde conservaba buenos amigos desde el año que había pasado allí al inicio de su carrera. Ellos le podrían facilitar sus contactos en la industria química del país, con mayor margen de maniobra que la británica, a pesar de que se barruntaba una eventual entrada estadounidense en la contienda. Las oportunidades de cruzar el Océano Atlántico no abundaban, sin embargo, por lo que intentó acelerar los trámites presentando su plan a uno de sus principales financiadores, la Fundación Rockefeller. Para su suerte, los responsables de esta poderosa institución respaldaron la idea, prestándole un apoyo fundamental para que a finales de junio tomase un avión junto con su ayudante Norman Heatley. En su equipaje transportaban todo cuanto necesitaban para reproducir su trabajo: cuadernos de laboratorio, una publicación reciente que resumía sus avances con la penicilina, una pequeña cantidad del fármaco y muestras de hongo *Penicillium*.

Los tres meses siguientes serían verdaderamente intensos. Sus contactos le habían preparado una agenda de lo más apretada que apenas le permitió disfrutar de sus hijos. A su llegada a Nueva York, se reunió con ellos por primera vez tras un año, pero en seguida tuvo que partir hacia la ronda de encuentros previamente concertada. El primero le llevó a Peoria, en pleno centro de la región del maíz de Illinois, donde el Departamento de Agricultura estadounidense contaba con un enorme laboratorio especializado en fermentaciones. Allí dejó a Heatley, que emplearía las semanas siguientes en buscar junto con los experimentados investigadores del instituto formas de mejorar el proceso de cultivo del hongo. Él, mientras tanto, continuó la ruta prevista y visitó varias ciudades con el fin de entrevistarse con distintos directivos de la industria farmacéutica. Todos ellos se mostraron impresionados por las propiedades de la penicilina, si bien también renuentes a acometer su producción a gran escala. Les preocupaba especialmente que no se hubiera determinado su estructura, lo que haría peligrar su inversión en caso de que luego resultase más barato obtenerla por síntesis química. Evidentemente ese riesgo existía, y Florey poco podía hacer al respecto, Ernst Chain llevaba meses tratando de resolver el enigma sin acertar a dar con la clave precisa. Pero no era menos cierto que se encontraban ante una sustancia de características únicas y él estaba dispuesto a entregársela por muy poco. A cambio de su entera colaboración, solo pedía un kilogramo del fármaco, la cantidad que estimaba necesaria para completar los ensayos clínicos en pacientes.

A mediados de septiembre, Florey regresaba a Gran Bretaña con la satisfacción del deber cumplido. Su estancia había servido para sentar las bases de un proyecto de grandes dimensiones encaminado a la producción industrial del antibiótico. Varias de las principales compañías estadounidenses participarían en él y podrían intercambiar información libremente gracias al apoyo de la administración federal, que no aplicaría las leyes antimonopolio. El gigante norteamericano sabía que tarde o temprano se vería envuelto en el conflicto europeo y este plan le abría la posibilidad de contar con una ventaja adicional sobre sus enemigos. No había más que recordar los datos de la última gran guerra: la mitad de los diez millones de soldados muertos durante la Primera Guerra Mundial había fallecido debido a infecciones originadas en heridas de poca consideración.

Siete de los primeros investigadores de la penicilina. (Fila
de atrás, de izquierda a derecha) S. Waksman, H. Florey, J.
Trefouel, E. Chain y A. Gratia, (primera fila de izquierda a
derecha) Fredericq y Maurice Welsch. Tomada por un fotógrafo
desconocido en Oxford en los años 40 [Wellcome Collection].

El periplo de Florey por los Estados Unidos significó un
auténtico punto de inflexión en el desarrollo de la penicilina,
pero también en su contribución al mismo. Limitado por su
sempiterna escasez de fármaco, siguió tratando los pocos
pacientes que fue capaz, mientras esperaba el kilogramo
prometido por sus socios norteamericanos. Nunca llegaría.
El ataque japonés a Pearl Harbor en diciembre de 1941
precipitó los acontecimientos, adelantando la entrada

estadounidense en la contienda. Con ello, el país entró en economía de guerra y toda su producción se orientó hacia el esfuerzo bélico. Este cambio convirtió el antibiótico en una prioridad nacional y cada gramo de él en un asunto de estado, puesto que se requería para sus propios propósitos. Cientos de investigadores se volcaron en su estudio, lo que a su vez aceleró la consecución de nuevos avances. Dos de los más importantes procederían del laboratorio de Peoria, que primero logró aumentar exponencialmente la cantidad de hongo cultivado, aplicando un método de fermentación en profundidad utilizado para elaborar cerveza, y luego encontró un moho aún más productivo. Este aparecería en un melón en mal estado que una operaria contratada a tal fin compró en un mercado de la zona y que se mostró superior a las centenares de muestras enviadas por el ejército desde medio mundo. Posteriormente, esta nueva cepa se irradió con rayos x, provocando la creación de un hongo *Penicillium* mutante capaz de multiplicar por varios miles de veces los rendimientos del grupo de Oxford.

Estos progresos, unidos a muchos otros, obrarían el milagro. En marzo de 1944, menos de tres años después del viaje de Florey, la compañía farmacéutica Pfizer inauguró en el neoyorkino barrio de Brooklyn la primera planta de producción de penicilina a escala industrial. De ella salieron las decenas de miles de dosis del fármaco que portaron los soldados participantes en el desembarco de Normandía y que se mostraron vitales a la hora de atender a los ciento cincuenta mil combatientes heridos durante la operación. A partir de ahí, el antibiótico se convirtió en pieza fundamental de la estrategia aliada, y estuvo presente en cada frente de batalla, si bien su uso quedó restringido al ámbito militar. Una limitación que se eliminaría al término de la guerra, dando vía libre a su comercialización, que comenzó en los Estados Unidos en 1945 y al año siguiente en el Reino Unido. Al fin, los médicos tenían a su disposición una herramienta capaz de frenar las enfermedades infecciosas, con lo que nuestra sociedad inició una feliz etapa en la que estas han dejado de ser la primera causa de muerte.

La contribución de Howard Florey en el desarrollo de la penicilina se vio recompensada con el Premio Nobel de Medicina de 1945. Compartió el galardón con su colaborador Ernst Chain y con el pionero en su estudio Alexander Fleming, que pronto se convertiría en una celebridad mundial al acaparar de cara a la opinión pública el mérito del descubrimiento. Azares de la gloria y de los medios de comunicación. El médico escocés se mostró más solícito con la prensa, y esta vio en él al héroe que toda gran historia necesita. Es posible que el carácter huraño de Florey agradeciese ese guiño del destino, que le permitió conservar un relativo anonimato fuera del entorno académico. Así pudo mantener su actividad en una pugna que entonces ya se sabía no del todo ganada. Distintos investigadores habían encontrado cepas de bacterias que habían adquirido resistencias al fármaco. Eran los albores de una guerra que no había hecho más que comenzar. Seres humanos desarrollando nuevos antibióticos contra microorganismos patógenos que evolucionan hasta ser inmunes a su acción, una lucha sin cuartel en la que no tenemos más remedio que perseverar.

Russell Marker comenzó su innovador trabajo sobre la progesterona sintética en la Penn State University. Pasó gran parte de las décadas de 1930 y 1940 en este laboratorio, buscando métodos sintéticos para producir progesterona [Penn State University Archives].

17. CABEZA DE NEGRO

Russell Marker irrumpió en la calle como un ciclón. No daba crédito. Por segunda vez, salía de la embajada con las manos vacías. Ya se podía ir olvidando de la autorización para el trabajo de campo, sus supuestos representantes en el país no tenían el menor interés en conseguírsela. Y encima, le pedían que regresara a los Estados Unidos. Ni en sueños. Sabía perfectamente que los japoneses habían atacado Pearl Harbor unas semanas antes. Y podía comprender que no era el mejor momento para que un gringo deambulase por México. Pero no había viajado cuatro mil kilómetros por cualquier motivo. La culminación a tanto esfuerzo le esperaba en algún rincón del estado de Veracruz y daba igual que no le permitiesen actuar legalmente. Regresaría a casa, sí, pero una vez completase su misión.

El chico del hotel le explicó en inglés el viaje que le esperaba: México D. F. - Puebla en autobús nocturno y Puebla - Orizaba en el de la mañana. Una vez allí, tendría que ingeniárselas para encontrar el lugar donde se había tomado la fotografía que llevaba en su maleta. La razón de su aventura. Tras un montón de viajes por los Estados Unidos sin recompensa, una noche cualquiera se había hospedado en casa de un amigo botánico. Y le tocó la lotería. Entre sus viejos manuales, había descubierto la imagen de un enorme ejemplar del género *Dioscorea*. Bingo, justo lo que andaba buscando. Ahora solo quedaba encontrarlo. Contaba para ello con la poca información que daba el libro: una ubicación, una cascada entre Orizaba y Córdoba, y un nombre vulgar, cabeza de negro.

Al medio día siguiente llegó a Orizaba y tomó el primer autobús hacia Córdoba. El mal olor de los animales que compartían espacio con los pasajeros, los cerdos al fondo, las gallinas sujetas por sus dueños, le hicieron el trayecto eterno. Así que bajó en la primera parada en la que vio algo más que plataneros y campos de maíz, una tiendita de nombre «¡Aquí me quedo!». Entró en el local, se dirigió al tendero y, como apenas hablaba español, fue directo al grano: «quiero cabeza de negro». Siguió un confuso diálogo en el que reconoció palabras como «ahorita no» y «mañana».

Su segunda visita fue aún más corta. Alberto Moreno, el tendero, le estaba esperando con dos bolsas negras. Cada una de ellas contenía un tubérculo enorme. Qué espectáculo. En años de viaje por todo el sur de los Estados Unidos, nunca había visto un espécimen de ese género mayor que su dedo meñique. Moreno las acomodó en lo alto del autobús, Marker pagó lo acordado y subió al vehículo. Ahora sí que podía regresar a casa.

De vuelta a Pensilvania, llevó a su laboratorio el tubérculo que conservaba. El otro se había quedado en el D. F., donde un policía maldito había simulado un robo para ganarse unos dólares extra. Como andaba corto de efectivo, solo había podido recuperar una planta. Sería más que suficiente. Cortó una mitad, la trituró y extrajo de ella el tesoro que escondía, el compuesto químico diosgenina, que a su vez utilizó para repetir un proceso que años atrás había puesto a punto con cantidades mínimas de esa misma molécula. Una vez finalizado el trabajo, al fin se tomó un descanso para observar satisfecho el polvo cristalino que acababa de sintetizar.

El polvo que Russell Marker tenía entre sus manos era progesterona, y en aquel momento valía más que el oro. Cuando se podía encontrar, su precio en el mercado sobrepasaba los ciento ochenta dólares el gramo. El primer científico que la había aislado, el alemán Adolf Butenandt, había necesitado 625 kilogramos de ovarios procedentes de cincuenta mil cerdas para lograr tan solo veinte miligramos de esta hormona esteroidea. Posteriormente, se había averiguado que los orines de animales constituían una fuente más eficaz de este tipo de compuestos, pero se requerían miles de litros para conseguir cantidades mínimas. Así que la progesterona había seguido teniendo un coste prohibitivo, lo que impedía el desarrollo de las aplicaciones médicas que prometía. Como en anticoncepción, por ejemplo, donde se esperaba que esta hormona cumpliese un importante papel debido a una de sus principales funciones, inhibir la ovulación en las mujeres embarazadas.

Poco le importaban a Marker, en cualquier caso, los usos concretos que la progesterona podía ofrecer. El propio reto de ser el primero en alcanzar una gran cumbre científica lo empujaba. Aunque tampoco era ajeno, desde luego, al enorme negocio que suponía la producción a gran escala de las hormonas esteroideas. Fortuna y gloria aguardaban a aquel que venciese tamaño desafío. Y él estaba a punto de llegar a la cima. Como químico, sabía que todas esas hormonas presentan estructuras similares, al igual que algunos productos naturales segregados por ciertas plantas. Por ello, durante años, había buscado en el reino vegetal una molécula que le permitiese abrir una vía alternativa a la obtención de progesterona. La había hallado en la diosgenina que contienen los tubérculos de *Dioscorea*, pero no encontraba una especie de este género con un tamaño apreciable, capaz de suministrar grandes cantidades de compuesto. Acababa de descubrir la solución en México, donde la cabeza de negro crecía en abundancia.

Actores recreando una escena de Russell Marker colectando un rizoma de *Dioscorea* [Pennsylvania State University Special Collections Archives, Paterno Library].

Dioscorea mexicana, también conocida como «cabeza de negro» [Nikolay Kurzenko].

Marker tenía claros los siguientes pasos a seguir. Todo pasaba por abrir en México una pequeña factoría que extrajese la diosgenina de la cabeza de negro y la convirtiese en progesterona, lo que demostraría la viabilidad de su método a escala industrial. Así que concertó una cita con los responsables de la empresa Parke-Davis, que financiaba sus investigaciones de la Universidad del Estado de Pensilvania. Armado con el polvo que acababa de sintetizar y la parte del tubérculo que conservaba, trató de convencerles de la gran oportunidad que se les presentaba. No hubo manera. Parecida respuesta obtuvo del resto de compañías farmacéuticas que visitó. Para todos ellos, México era una nación atrasada en la que fracasaría todo negocio que se intentase. Marker no se lo podía creer. Frenado a un paso de la cumbre por la falta de visión de unos cuantos gerifaltes. No le quedaba más remedio que hacerlo por sí mismo. Sin duda, estaba condenado a saltarse las normas establecidas.

De algún modo, toda la vida de Marker había consistido en una continua lucha contra la autoridad. Desde su infancia, en la que tuvo que enfrentarse a su padre para poder abandonar las labores de la granja familiar e ir al instituto. O durante el doctorado, que no concluyó oficialmente por negarse a seguir unos cursos a los que no veía utilidad una vez concluida la tesis. Todavía recordaba las amenazas de su supervisor: «si no haces esos cursos para doctorarte, te pasarás la vida analizando orina». Por suerte, siempre había conseguido lo que perseguía. Aunque tuvo que pagar un precio. Como al renunciar a su empleo en el prestigioso Instituto Rockefeller porque el director no le permitía iniciar las investigaciones con esteroides que acababa de culminar. El tipo estaba convencido de que una planta jamás serviría como materia prima de una hormona humana. Se equivocaba, pero a Marker le había salido caro demostrarlo. En medio de la Gran Depresión, había tenido que buscar un nuevo destino y aceptar el puesto de Pensilvania, en el que cobraba menos de la mitad.

Una vez más, se sentía obligado a escoger la opción menos convencional. Así que dejó su confortable empleo en la universidad, y regresó a México, donde instaló su cuartel general en el céntrico hotel Geneve del D. F. Desde allí, trabajó en dos vías. Al mismo tiempo que establecía una colaboración estable con Alberto Moreno para que le suministrara cabeza de negro, buscó un lugar donde procesarla. Muy a su estilo, actuó de la forma más directa posible. Consultó la guía telefónica, localizó la empresa con el nombre más cercano a sus necesidades, los laboratorios hormona, y llamó a su puerta. Le recibió el químico al mando, Federico Lehmann, que quedó atónito al oír el nombre de su visitante. A partir de ahí todo fue fácil, pues la fama de Marker como un científico importante en el campo de los esteroides le precedía. En una breve charla, Lehmann escuchó atentamente el plan de Marker y programó una reunión con el dueño de los laboratorios, Emeric Somlo.

De aquella cita nació Syntex, que en pocas semanas comenzó a producir cantidades de progesterona desconocidas hasta ese momento. De manera casi artesanal, Marker elaboraba el producto y Somlo lo ponía en circulación. La simplicidad de su método les permitía ofrecer precios inviables para sus competidores, con lo que empezaron a ganar cuota de mercado. Si bien, pronto llegaron los problemas. Marker podía ser un genio, pero también un individualista nato y un tipo bastante quisquilloso. Los choques por el reparto de dividendos fueron constantes y, llegado un momento, la convivencia se volvió imposible. Como solución, Marker vendió a Somlo su parte del negocio y se estableció por su cuenta bajo una nueva marca.

De este modo, los antiguos socios se convirtieron en rivales. Botanica-Mex contra Syntex. O lo que es lo mismo, Marker contra Lehmann y Somlo. El estadounidense siempre se negó a patentar la síntesis que hoy lleva su nombre, por lo que compitieron de igual a igual. Y el empresario venció al científico. Marker, además de inventar el proceso, había encontrado una nueva especie de *Dioscorea* con más diosgenina, el barbasco, pero esta vez no tuvo éxito. Como tantos creadores revolucionarios, no llegaría a profundizar en la senda que él mismo había abierto. Cuatro años después de abandonar Syntex, decidió retirarse de la química, cansado de una rivalidad que sobrepasaba lo legal y sin un nuevo reto científico que lo estimulase. El fuego se había apagado. En 1949, traspasó su empresa, destruyó sus notas y desapareció.

Syntex, por el contrario, siguió su meteórica carrera. Y eso que el cambio resultó traumático, pues nadie en la factoría era capaz de reproducir los resultados de Marker. El estadounidense tampoco se lo puso fácil, al realizar sus experimentos en solitario e identificar los reactivos con un código secreto. Lehmann y Somlo necesitaban, por tanto, un químico de primera fila para sustituirle. Lo encontraron en George Rosenkranz que, como ellos, había huido del horror nazi y emigrado a América Latina. Discípulo de una de las grandes luminarias en el campo de los esteroides, el Premio Nobel Leopold Ruzicka, se había refugiado en Cuba, donde trabajaba en su modesta industria farmacéutica.

Aquella entrevista no pudo ser más concreta. Lehmann y Somlo llevaron al candidato al antiguo laboratorio de Marker, le explicaron los pasos que no lograban repetir y le pidieron que los realizase. Rosenkranz demostró ese día su genio resolviendo los problemas que le plantearon y, más adelante, transformando la artesanal Syntex en una gran compañía farmacéutica. Bajo su mando, no solamente se convirtió en el principal productor mundial de progesterona, sino también del resto de hormonas esteroideas. A mitad de los años cincuenta del siglo XX, contaba con tres mil empleados, que procesaban decenas de miles de toneladas de barbasco seco extraído de la jungla mexicana por una extensa red de campesinos. Como también contrató a un buen número de jóvenes y talentosos científicos. Uno de ellos, Carl Djerassi, conduciría a Syntex a su punto culminante. Un equipo dirigido por el hoy conocido como «padre de la píldora» sintetizó en 1951 el fármaco que sirvió de base del primer anticonceptivo oral, la noretindrona. Pocos avances han hecho más por la emancipación de la mujer que este compuesto químico.

Russell Marker en México [Penn State University Archives].

En 1969, tuvo lugar un simposio internacional en el D. F. Se cumplían las bodas de plata de la industria mexicana de los esteroides y centenares de científicos se reunieron para celebrarlo. El recuerdo de los viejos tiempos presidió las sesiones, posiblemente porque todos ellos eran conscientes de que no volverían. Syntex había trasladado su sede a California en busca de una posición más cercana a los mercados y el barbasco, que nunca pudo cultivarse, empezaba a escasear. Nuevas fuentes de diosgenina resultaban más competitivas y otros países estaban tomando el relevo en la producción mundial de hormonas. En pocos años, el auge se había convertido en declive y este en nostalgia. Y en ese ambiente, nada podía competir con la figura de Russell Marker. De ningún químico circulaban tantas historias. De ninguno se habían exagerado tanto sus ya de por sí insólitas aventuras. Todos esos relatos, sin embargo, terminaban abruptamente a finales de los cuarenta. Sus dos últimas décadas eran un absoluto misterio y, de hecho, muchos creyeron póstumo el homenaje que se le iba a dispensar durante el simposio. La sorpresa fue total, y la ovación atronadora, cuando un envejecido pero todavía enérgico Marker apareció de entre bastidores.

Días más tarde, Marker quiso completar el homenaje recibido volviendo al lugar entre Orizaba y Córdoba que le había encaminado al éxito. Esta vez el viaje fue muy diferente, las comunicaciones habían mejorado y él ya no se consideraba un extraño. Llevaba veinticinco años pasando largas temporadas en México, donde había encontrado una ocupación con que llenar el vacío dejado por la química. El científico se había convertido en tratante de arte. Gran admirador de los hábiles plateros del país y del arte barroco europeo, había unido ambas querencias en un pequeño negocio de reproducciones de antiguas piezas rococó. De aquella jornada tan solo queda una fotografía, un sonriente Marker rodeado por la familia de su antiguo socio Alberto Moreno a la entrada de una tiendita de nombre «¡Aquí me quedo!».

Albert Hofmann trabajando en el laboratorio.

18. LOS VIAJES DE HOFMANN

Abril de 1943, Albert Hofmann salió de la cantina y se dirigió de vuelta a su laboratorio de trabajo, en las dependencias de la compañía farmacéutica Sandoz en Basilea. Durante el almuerzo, un compañero le había informado sobre las últimas noticias de la guerra. Europa era un polvorín. Y él, un tipo afortunado. Oriundo de la propia Basilea, con las fronteras alemana y francesa en los mismos lindes de la ciudad, haber nacido un par de kilómetros al norte o al sur marcaba la diferencia entre un campo de batalla o una vida en paz.

Al llegar al laboratorio, Hofmann se colocó la bata y las gafas de seguridad. Ya se había olvidado de la guerra. Mejor, porque la serie de experimentos que estaba realizando requerían una dosis extra de atención. Implicaban trabajar con extractos derivados del cornezuelo de centeno, el responsable de una de las plagas más temidas de la historia: el Fuego de San Antonio. Su superior en la sección químico-farmacéutica le había puesto en detalles. Nombrada ya por los asirios, las crónicas medievales relatan epidemias terribles que, de un día para otro, asolaban ciudades enteras. Los enfermos, en medio de dolores atroces, veían como sus miembros se pudrían hasta perder dedos o nariz. La mayoría no sobrevivía, los más afortunados quedaban desfigurados. El hecho de que nadie conociese el origen de esta peste aumentaba la desesperación. Pasaron siglos hasta saber que un hongo parásito del cereal que constituyó el principal alimento en Europa central fue el causante de tanta desgracia.

Espiga de centeno con el hongo cornezuelo de centeno,
Claviceps purpurea [Mochila Manfred].

Después de un par de horas de trabajo, Hofmann comenzó a sentirse extraño. Intranquilo y torpe con las manos. Dejó el laboratorio y se fue a leer unos informes. Pero no lograba concentrarse. Las letras le bailaban. Y cada vez se sentía más mareado. ¿Qué le estaba ocurriendo? Decidió irse a casa. En el camino no paró de pensar en los posibles errores que podía haber cometido al realizar su último experimento.

Llegados a este punto, cabe preguntarse qué buscaba Hofmann al manipular sustancias potencialmente peligrosas. La respuesta es sencilla: un fármaco. El cornezuelo es una caja de sorpresas capaz de generar efectos distintos en sus consumidores. Todo depende de la dosis. Ya hemos comentado lo que ocurría con aquellos que sufrían de sus intoxicaciones severas. Cuando estas no resultaban tan agudas, su principal secuela era la aparición de alucinaciones. No pocas mujeres terminaron en la hoguera por su peculiar comportamiento durante una intoxicación de cornezuelo. Y todavía hay una tercera consecuencia: en cantidades bajas previene las hemorragias derivadas del parto. La compañía Sandoz, que conocía el uso que las comadronas de ciertas zonas rurales hacían tradicionalmente de este hongo, pretendía aislar el principio activo responsable de ese último efecto y producir un fármaco utilizable en las maternidades.

Desde tiempos inmemoriales, el ser humano ha encontrado en la naturaleza remedios para preservar su salud. También los chimpancés comen ciertas plantas solamente cuando se sienten enfermos, por lo que podemos conjeturar que esta práctica precedió incluso al género *Homo*. Pero las fuentes naturales adolecen de ciertos defectos. Por ejemplo, su variabilidad. Igual que no hay dos personas con rasgos idénticos, tampoco los hongos de cornezuelo contienen sus principios activos en la misma cantidad. Un problema que se hace patente cuando, como era el caso, una sutil diferencia en la dosis administrada lleva de prevenir las hemorragias del parto a causar alucinaciones y violentos espasmos en el útero de la parturienta. De ahí la importancia de aislar los principios activos de las fuentes naturales y encontrar la manera de producirlos como sustancias puras. Existen ocasiones, además, en que es posible crear derivados sintéticos en el laboratorio que mejoran las propiedades como fármacos de los propios productos naturales.

Pero volvamos con nuestro atribulado protagonista. Hofmann llegó a su casa como pudo y se fue directamente a la cama. Inmóvil, dejó pasar los minutos. La oscuridad le ayudó a calmarse. Y descubrió asombrado que sus sensaciones cada vez eran más placenteras. Enseguida llegaron las visiones. Formas geométricas. Intensos colores. Imágenes que se sucedían formando un juego caleidoscópico. Dos horas después había vuelto a la normalidad, pero seguía alucinado por su inesperado descubrimiento.

A la mañana siguiente, lo primero que hizo fue buscar la sustancia que había manipulado poco antes de sentirse mareado. Etiquetada como lsd-25, se trataba de la dietilamida del ácido lisérgico, un derivado sintético de uno de los principales principios activos del cornezuelo. Curiosamente, no era la primera vez que sintetizaba esa sustancia. Cinco años atrás había enviado una muestra a la sección farmacológica, pero no le habían encontrado ninguna propiedad de interés. Tendrían que reconsiderar ese dictamen.

Tardó dos días en volver a tentar a la suerte. Era necesario comprobar que las alucinaciones habían sido provocadas por lsd absorbido a través de las yemas de los dedos. Trató de ser prudente e ingirió una cantidad mínima, 0,25 miligramos, la décima parte del peso de un grano de arena. Resultó ser una dosis excesiva. Las visiones fueron tan intensas y se alargaron por tantas horas que llegó a creer que nunca volvería al mundo de los cuerdos. Cuando desapareció el efecto de la droga, durmió exhausto durante horas. Al día siguiente, en cambio, se sentía exultante. Con los ánimos renovados, escribió un minucioso informe que envió a sus superiores. El lsd había entrado en escena.

Tras una larga serie de ensayos para verificar la toxicidad y los posibles efectos secundarios que podía causar, la compañía Sandoz puso el lsd, bajo el nombre de marca Delysid, a disposición de distintos institutos médicos. Esperaban que sus propiedades singulares lo hiciesen de utilidad en psiquiatría, una apreciación que compartieron numerosos especialistas, que lo utilizaron en terapias de choque para rehabilitar alcohólicos y pacientes psiquiátricos. El británico Humphry Osmond, quien acuñó el término psicodélico, que significa revelador del alma, fue a comienzos de los años cincuenta uno de los precursores de esta práctica.

No obstante, no duraría mucho tiempo restringido al ámbito médico. Enseguida atrajo la atención de ciertas élites intelectuales, que vieron en él un medio de obtención de experiencias místicas. Como también se pondría de moda entre los terapeutas de las estrellas de Hollywood. Y de ahí, como es costumbre, daría el salto a los medios de comunicación. El lsd, que por aquel entonces era un producto legal, se convirtió de un día para otro en la droga chic del momento. Y conforme se extendía su uso, los laboratorios Sandoz se desencantaban cada vez más de su criatura, convertida ya en un hijo pródigo.

Albert Hofmann compartiría a su pesar el inesperado éxito del lsd, y se convirtió en una pequeña celebridad que recibía cartas y visitas de artistas, escritores y público en general. Su vida, sin embargo, cambió poco. Siguió trabajando en Sandoz, donde ascendió a jefe del área de productos naturales, dedicado a investigar diversas sustancias que acabarían formando parte de la farmacopea internacional. Y aquí hubiese terminado este relato, si no fuera porque el azar volvió a cruzarse en su camino para confirmarlo como el padre de las drogas psicodélicas.

Hongo del género *Psilocybe*, selva tropical de El Edén
en Puerto Vallarta, México [Jeremy Christensen].

A mediados de 1957, Roger Heim, a la sazón director del Museo Nacional de Historia Natural de Francia, se puso en contacto con Hofmann. Tenía una curiosa petición, quería que escribiera el último capítulo de una investigación que había puesto fin a un enigma de cuatrocientos años. Para ello, le enviaba un puñado de hongos secos de color verde parduzco y una carta con su historia.

Los aztecas los llamaban *Teonanácatl*, «la carne de los dioses», y les otorgaban un carácter sagrado. Así lo describen las crónicas del siglo XVI procedentes de Nueva España, que hacen referencia a su uso en festividades importantes y ceremonias religiosas. En ellas, las propiedades alucinógenas de estos hongos eran utilizadas para comunicarse con el más allá, una práctica que es compartida por muchas culturas americanas. Sea mediante la ayahuasca en la Amazonía, el peyote en el norte de México o las propias setas en el sur, estos pueblos han integrado plantas alucinógenas en su cultura, y han acudido a ellas durante miles de años a la hora de tomar decisiones importantes o determinar los males de los enfermos. Un modo de vida que se vio alterado por la llegada de los españoles, que prohibieron estas ceremonias al considerarlas ritos satánicos. Por esa causa, se perdió la pista del *Teonanácatl* durante siglos y se le llegó a considerar una especie mítica, fruto de la confusión de los cronistas españoles. Y así siguió hasta que, en el mismo año en que Hofmann sintetizó el lsd por primera vez, un joven botánico llamado Richard Evans Schultes, que se convertiría en uno de los grandes naturalistas del siglo XX, se internó en las montañas del sur de México para refutar esta teoría.

México es un país vasto y diverso, con gran variedad de ecosistemas y culturas, muchas de las cuales sobreviven hasta hoy. Su orografía accidentada mantiene esta heterogeneidad, y ha provocado que ningún imperio, ni el maya, ni el azteca, ni el español, haya conseguido imponer totalmente sus costumbres. Uno de sus estados más sobresalientes en este aspecto es Oaxaca, donde habitan una veintena de grupos étnicos. Schultes fue en busca de uno de ellos, los mazatecos, un pueblo que, alejado de la metrópoli, mantiene su lengua y sus ritos, en los que se entreveran cristianismo y creencias ancestrales. Allí redescubrió el *Teonanácatl*, que en realidad son varias especies de hongos del género *Psilocybe*, e intentó participar en las ceremonias indígenas en las que todavía es utilizado, pero su condición de occidental se lo impidió. Dicho honor recayó sobre Robert Gordon Wasson, un banquero neoyorquino de profesión y naturalista micólogo de vocación que, quince años después, siguió sus pasos para conocer de primera mano el uso que los mazatecos hacen de las «setas mágicas». Logró su objetivo, tras convivir con ellos varios veranos, y publicó sus experiencias en la célebre revista norteamericana *Life*, en lo que fue un nuevo espaldarazo para la era psicodélica, que explotaría definitivamente en los años sesenta.

Como colofón a la resolución del misterio *Teonanácatl*, Gordon Wasson y Roger Heim deseaban aislar los principios activos responsables de sus propiedades alucinógenas. Un encargo que entusiasmó a Hofmann, pero no a la dirección general de Sandoz, que no quería saber nada de drogas psicodélicas. De forma inesperada, esta vez la curiosidad científica pudo más que la razón empresarial, y el químico suizo tuvo la oportunidad de acometer la tarea en persona.

Hofmann advirtió el mayor inconveniente al que se enfrentaba, debía aislar una sustancia de la que no tenía la menor idea de su estructura. Así que la única manera de distinguir qué extractos contenían el principio activo buscado era ingerirlos y recordar los viejos tiempos del lsd. Nuestro héroe no se arredró por las dificultades, y enseguida encontró la manera de consumir los extractos en la dosis adecuada para notar su efecto sin ver alterada su capacidad de trabajo. La investigación culminó con éxito. El *Teonanácatl* contenía dos compuestos psicoactivos, a los que llamó psilocina y psilocibina, que una vez puros tomaban la forma de cristalitos incoloros.

Hofmann había satisfecho el encargo encomendado, pero no así su curiosidad. Como buen químico sintético, no dio su labor por finalizada hasta determinar la estructura de la psilocina y la psilocibina, y ser capaz de sintetizar ambos compuestos a partir de moléculas simples. Gracias a la ayuda de varios colegas de Sandoz, comprobó que estos dos productos naturales eran muy semejantes entre sí y nuevos para la ciencia. La fabricación artificial que desarrollaron demostró ser un método mejor para su producción a gran escala que la propia extracción a partir de las setas.

Octubre de 1962, Albert Hofmann se encuentra en México. Junto con Gordon Wasson, que le ha invitado a una de sus expediciones, lleva un par de semanas recorriendo las montañas de Oaxaca. Hoy se dirigen en todoterreno a Huautla de Jiménez, la principal población mazateca. Hofmann agradece el cambio, las mulas pueden ser el mejor medio de transporte en la sierra, pero le han dejado el cuerpo dolorido. Cuando llegan a la plaza principal, los hombres del pueblo se arremolinan curiosos alrededor del vehículo. Todos llevan sombrero, la mayoría están descalzos. Mediante la ayuda de una intérprete, pues pocos mazatecos hablan español, Gordon Wasson pregunta por María Sabina, la curandera que dirigió una ceremonia con setas para él. Los conducen hasta su choza, a las afueras del pueblo.

La anciana *cotacine*, «el que sabe» en lengua mazateca, los saluda afectuosamente a su llegada. Después de las presentaciones de rigor, Hofmann le entrega un frasco lleno de píldoras y le indica que cada comprimido contiene el espíritu de dos pares de setas. La curandera se muestra impresionada y acuerdan celebrar una ceremonia para utilizarlas.

A la noche siguiente, vuelven a la choza. Los expedicionarios han pasado el día caminando por los cultivos de plátano y café que pueblan los alrededores. También han charlado sobre los indígenas. Sobre la importancia que les otorgan a las setas, a través de las cuales creen hablar directamente con Dios. O sobre su arte, colorista y abigarrado, que Gordon Wasson cree profundamente influenciado por las alucinaciones que estas provocan.

La ceremonia transcurre tal y como describen las antiguas crónicas españolas. A la entrada, María Sabina les ofrece cacao y dulces. Una vez dentro, se sientan en silencio mientras se quema copal en un altarcito. El ambiente se va cargando, han cerrado la puerta y la choza no tiene ventanas. Tras ahumarlas por unos instantes, la curandera distribuye las píldoras y pregunta por la consulta que quieren realizar. Gordon Wasson pide información sobre su hija, que está a punto de dar a luz. María Sabina apaga la llama del altar y todos esperan en absoluta oscuridad. Las alucinaciones llegan en pocos minutos. Primero a la propia curandera, que inicia una letanía de ruegos y cantos que durará toda la noche. Luego a los demás, que se sumergen en un pandemonio de visiones, colores y formas.

Cuando Hofmann vuelve a la realidad, la luz del día ya

se filtra por las rendijas de la puerta. Mira a su alrededor y advierte que los demás también se han recuperado. María Sabina anuncia con voz monótona que madre e hijo se encuentran bien. Fin de la ceremonia, hora de partir. En la despedida, la curandera agradece a Hofmann su regalo. A partir de ahora podrá seguir atendiendo consultas en los periodos en los que no disponga de setas. Qué mejor prueba de que la psilocibina sintetizada en el laboratorio es idéntica a la que se da en la naturaleza.

El anestesista sir Robert Reynolds Macintosh
(Nueva Zelanda, 1897 - Inglaterra, 1989).

19. DE LA SELVA AL QUIRÓFANO

En otoño de 1946, Robert Macintosh viajó a España invitado por el Consejo Superior de Investigaciones Científicas. El anuncio de su visita había generado cierto revuelo en el mundillo médico nacional, pues venía a presentar una novedosa técnica que estaba revolucionando la práctica quirúrgica. Nadie quedaría defraudado. Por una vez, la realidad superó ampliamente las expectativas creadas. No hay mejor prueba de ello que el propio diario del anestesista británico. Tras la primera de sus demostraciones en Madrid, escribió lo siguiente: «El segundo caso era un hombre con un gran tumor abdominal, que resultó ser un quiste hidatídico múltiple. Le administré pentotal, éter ligero y quince miligramos de Tubarine. La relajación resultante ocasionó risas y sorpresa, y el cirujano levantó en repetidas ocasiones la musculatura para demostrar la flacidez. Me recordaron a los indígenas con un juguete nuevo». Idéntico éxito cosecharían el resto de sus sesiones en nuestro país, que se desarrollaron en quirófanos llenos de espectadores ávidos por presenciar el singular acontecimiento.

¿A qué se debió semejante alborozo? Para comprenderlo, hemos de retrotraernos a una época en la que los médicos contaban con muchas menos armas con que velar por nuestra salud. Si nos restringimos al ámbito de la cirugía, esta se veía condicionada por dos serios inconvenientes: las infecciones postoperatorias y la necesidad de utilizar grandes dosis de anestésicos para lograr la relajación muscular del paciente, lo que en ocasiones producía arritmias cardiacas y problemas respiratorios de diversa gravedad. Curiosamente, ambos obstáculos caerían casi al mismo tiempo. El primero gracias al descubrimiento de los antibióticos, con la penicilina como punta de lanza. El segundo por medio del componente esencial de la técnica mostrada por Macintosh, el Tubarine, cuyo nombre de marca escondía un origen inesperado. Y es que este asombroso relajante muscular procedía del veneno tribal por antonomasia, el curare. El curare, sí, como lo oyen, el gran temor de los conquistadores españoles en sus incursiones por las cuencas del Amazonas y el Orinoco. ¿De qué manera el principal principio activo de una sustancia que despertó un miedo cerval durante siglos se convirtió en un fármaco vital en cirugía? He aquí su historia.

Juan de la Cosa, herido de muerte en la Bahía de Cartagena de Indias por una flecha envenenada. Un soldado junto a él levanta su espada mientras los habitantes del lugar empuñando flechas ardientes queman chozas al fondo. Aguafuerte de I. Migliavacca según G. Marmocchi, 1842.

El Dr. Thomas Parke succiona la herida del teniente Stairs
durante la expedición de Abousheeba. El teniente Stairs había
sido alcanzado por una flecha envenenada que probablemente
lo habría matado, de no haber sido por la rápida acción de
Parke para eliminar la toxina. Aguafuerte en color, c. 1888.

Las *Crónicas de Indias* están repletas de menciones al uso
de flechas emponzoñadas por parte de los nativos. Desde la
primera de ellas, las *Décadas de Orbe Novo* de Pedro Mártir
de Anglería, que ya en su libro I describe: «Los nuestros
fueron derrotados; mataron al segundo del capitán Ojeda,
Juan de la Cosa, que fue el primero que recogió oro en las
arenas del Urabá, y a setenta soldados, pues untan las saetas
con el jugo mortífero de cierta hierba...», encontramos
reseñas de este tipo de enfrentamientos en la mayoría de
los autores que narraron la conquista de América a lo largo
del siglo XVI. Desde luego, muchos de ellos tuvieron otras
sustancias nocivas como protagonistas, pues como escribió
el Inca Garcilaso de la Vega «los indios empleaban varios
venenos para embadurnar sus flechas; unos mataban con
rapidez y otros lo hacían lentamente». No pueden referirse a
la utilización del curare, por ejemplo, los relatos que hablan

de muertes con gran dolor, «rabiando» según la expresión de la época, puesto que su mecanismo de acción, el bloqueo de la transmisión de impulsos nerviosos a los músculos, conduce a una poco tormentosa muerte por asfixia.

Este dato impide que fuera el corsario inglés Walter Raleigh el primero en describir los efectos del curare, como apuntan muchos textos anglosajones, ya que sus crónicas de viajes aluden a agonías similares en los infelices miembros de su tripulación heridos por flecha. Como tampoco podemos señalar en ese sentido a ninguno de los conquistadores españoles, pues los combates daban poca opción al intercambio de información y nunca sabremos qué veneno en concreto usaron los indígenas en cada caso. Por eso, si hemos de poner un nombre al primer europeo que se refirió a esta sustancia sin posibilidad de confusión, necesitamos avanzar varias décadas en el tiempo y llegar a una época más pacífica.

Esta la encontramos, ya en el siglo XVIII, en uno de los experimentos sociales más llamativos de la América Colonial. La Corona Española había concedido vastos territorios de selva apenas explorados a la Compañía de Jesús, y esta buscó crear en ellos una Nueva Jerusalén. Con este propósito, había tratado de concentrar a los indios en asentamientos a la orilla de los grandes ríos, las llamadas reducciones, desde donde organizó una red de comunidades que intentó combinar la fe cristiana con cierto respeto a los valores culturales nativos. No fue un modelo perfecto pero, teniendo en cuenta que fuera de estas misiones imperaba la ley de los traficantes de esclavos, lo podemos considerar un oasis de convivencia, sin olvidar el estimable esfuerzo de aprendizaje de las lenguas y los modos de vida indígenas que protagonizaron los jesuitas para llevarlo a cabo.

Dentro de este proceso de inmersión cultural se encuadra el libro *El Orinoco ilustrado y defendido. Historia natural, civil y geográfica de este gran río y de sus caudalosas vertientes*, escrito en 1741 por el padre José Gumilla, cuyo capítulo «Del mortal veneno llamado curare: raro modo de fabricarlo, y de su instantánea actividad» constituye la primera alusión fiable a esta sustancia. Como misionero que vivió quince años en la cuenca de ese río, Gumilla sabía bien de qué hablaba, y esta obra contiene varios apuntes muy interesantes. Por ejemplo, ya advierte que el curare «no tiene sabor ni acrimonia especial: se pone en la boca, y se traga sin riesgo ni peligro alguno; con tal que ni en las encías, ni en otra parte de la boca haya herida con sangre». Esta curiosa circunstancia, que permite ingerir sin miedo la carne de los animales cazados con él, lo hizo un veneno tan preciado entre los pueblos amazónicos de la época que los jesuitas lo usaron para pagar su trabajo en las reducciones y como artículo de intercambio en los acercamientos a nuevas tribus, lo que a su vez aumentó su área de empleo.

La elaboración del mismo, sin embargo, siempre recayó en manos indígenas y, en particular, en las de los chamanes. Ellos eran normalmente los responsables de preparar el curare de la tribu, de acuerdo a recetas que se transmitían oralmente de generación en generación. Todas ellas seguían un procedimiento similar: extracción en agua de los materiales de partida y posterior concentración mediante calentamiento de la mezcla resultante, hasta conseguir una sustancia de consistencia semisólida que podía ser untada en flechas o dardos. Diferían, eso sí, en los ingredientes utilizados. Y no solamente por el distinto acervo cultural de cada pueblo, sino también por la diversidad del medio natural que los rodeaba. La flora de la Amazonía no está en absoluto distribuida de manera homogénea y la mayoría de las especies habitan en áreas muy concretas.

Estas diferencias complicaron sobremanera la respuesta a la cuestión ¿cuál es el origen del curare? No fueron pocos los naturalistas europeos que intentaron contestar a esta pregunta, ni escasas las controversias que los enfrentaron por su causa. Así, por ejemplo, todavía en el Siglo de las Luces, encontramos que Hipólito Ruiz y José Pavón, responsables de la Expedición Botánica al Virreinato del Perú promocionada por la Corona Española, identificaron la planta *Chondrodendron tomentosum* como principal fuente del veneno, mientras que el alemán Alexander von Humboldt y el francés Aimé Bonpland hicieron lo propio con el bejuco *Strychnos toxifera*, que descubrieron durante su estancia en el poblado La Esmeralda de la actual Venezuela.

Hoy sabemos que ambos bandos tenían razón. Uno de estos dos vegetales es siempre su ingrediente fundamental. El uso de uno u otro depende simplemente de la especie que se da en la zona en que fue preparado. Pero pasaron décadas hasta llegar a esa conclusión, lo que propició que hasta bien entrado el siglo xx todo lo concerniente a esta sustancia estuviese rodeado por un exótico halo de misterio. Y mientras tanto, incapaces de encontrar un criterio mejor, las muestras que llegaban a Europa se catalogaban por el recipiente que las contenía. De ahí vienen los llamados curares en tubo, curares en calabaza y curares en tarro, nombres que hacen referencia a las tres maneras que tenían los pueblos amazónicos de almacenar su veneno de caza predilecto.

A este desconcierto se debe que el principio activo del *Chondrodendron tomentosum* lleve el nombre de tubocurarina. Cuando en 1935 el químico Harold King aisló este producto natural por primera vez, desconocía de qué planta provenía. Tan solo sabía que el curare que le había suministrado el Museo de la Sociedad Farmacéutica Británica se conservaba en una caña de bambú.

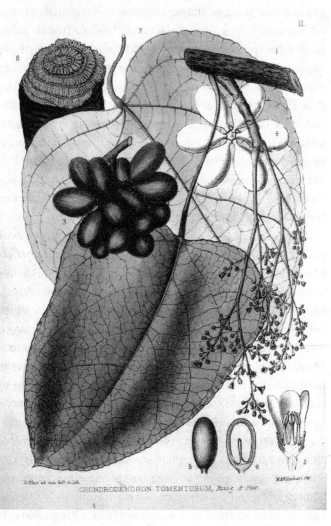

Chondrodendron tomentosum, por David Blair, 1880.

Antes de este hecho, sin embargo, se produjo otro hallazgo digno de ser mencionado. Lo protagonizó Charles Waterton, un hacendado inglés que poseía una plantación de caña de azúcar en la Guayana británica. Vivió en ella veinte años, durante los cuales pasó meses enteros por las selvas de la zona dedicado a su gran pasión, el estudio de la flora. Gracias a ello se ganaría cierto renombre como naturalista, a pesar de que su condición de católico le había impedido cursar estudios universitarios en su país. Su aportación más relevante tuvo lugar en 1814, cuando en una de sus visitas a su tierra natal efectuó, junto con el médico Benjamin Brodie, un ensayo clave para esclarecer el mecanismo de acción del veneno. Para ello, inocularon muestras de curare traídas por él desde la Guyana en una de las patas de tres burros. Al primero simplemente para probar la potencia del tóxico, aspecto que se evidenció rápidamente porque murió en doce minutos. Sobreviviría algo más el segundo, pues le hicieron un torniquete encima del corte y continuó pastando durante una hora sin síntomas de envenenamiento. Eso sí, en cuanto le retiraron la ligadura, siguió la suerte del primer animal. El más afortunado acabaría siendo el tercero. Le realizaron una incisión en la tráquea y le insuflaron aire con un fuelle hasta que, tras cuatro horas, despertó, se levantó y comenzó a caminar sin síntomas de dolor. Aún le daría tiempo de vivir otros veinticinco años y convertirse por ello en una pequeña celebridad local.

Con este experimento, Waterton y Brodie demostraron que el curare mata por asfixia. Al ser un potente relajante muscular, provoca la parálisis temporal de los músculos intercostales y el diafragma, cuya participación resulta imprescindible para la respiración. Un descubrimiento que cambió totalmente el estatus de la sustancia, que pasó de la categoría de veneno a la de fármaco. Pero quedaba un importante obstáculo que salvar: la imposibilidad de mantener un suministro constante mientras no se aclarase su origen. Y así, aunque los médicos comenzaron a recetarlo para tratar distintas enfermedades que llevan aparejadas dolores fuertes y contracciones musculares, no hubo forma de atender convenientemente esta demanda hasta que, ya en pleno siglo xx, un insólito personaje entró en escena.

La peripecia personal de Richard Gill da para una novela. Agente de la American Rubber Company, hacendado en Ecuador tras el crac del 29, la vida de este buscavidas estadounidense se vio completamente alterada cuando, a inicios de los años treinta del siglo pasado, comenzó a padecer frecuentes espasmos musculares. Esa enfermedad le obligaría a volver a su país, donde se le diagnosticó esclerosis múltiple, si bien él siempre echó la culpa de sus males a una caída de caballo sufrida mientras vivía en Sudamérica. Sea como fuere, quedó fuertemente impedido, por momentos prácticamente paralizado. Solo saldría de este estado de postración tras visitar a un neurólogo que le recomendó curare para su dolencia, una sugerencia que no parecía muy práctica al chocar con la consabida falta de suministros de la sustancia, pero que tuvo la virtud de llevarle a revolverse contra su infortunio de manera heroica.

En 1938 estaba de regreso en la selva ecuatoriana. Su objetivo: adquirir todo el veneno que pudiese encontrar. Sus problemas de movilidad no habían desaparecido, pero gracias a la inestimable ayuda de los indígenas de la zona se las apañó para soportar los rigores de la jungla durante cinco meses. No los desaprovecharía. En ese tiempo, logró reunir doce kilogramos de curare elaborado con la planta *Chondrodendron tomentosum*, que entregó a la compañía

Squibb una vez volvió a los Estados Unidos. Los químicos de esta empresa extraerían su principio activo, que identificaron como la ya conocida tubocurarina. La operación sería todo un éxito, pues se aisló suficiente cantidad de producto como para ponerlo en el mercado. Los días de escasez de este fármaco habían terminado.

La audacia de Gill no solo tuvo premio para él, que pudo disponer de un remedio capaz de aliviar sus dolores, sino también para toda la humanidad. La repentina abundancia de tubocurarina posibilitó que los médicos explorasen su empleo en nuevas aplicaciones, y no tardó en descubrirse un uso terapéutico donde marcaría un antes y un después. Este momento llegó a inicios de 1942, cuando el anestesista canadiense Harold Griffith la utilizó por primera vez en una operación quirúrgica, y logró de manera simple una relajación muscular desconocida hasta ese momento. Las virtudes de esta innovación eran múltiples, facilitar la intubación del paciente, disminuir la dosis del anestésico principal, mejorar el control de la ventilación mecánica, y solo la coincidencia con la Segunda Guerra Mundial frenó momentáneamente su rápida difusión por el mundo. Por eso, hasta 1946 no se produjo la visita a España de uno de los popularizadores de la técnica, Robert Macintosh, que tanto sorprendió al ambiente médico de nuestro país gracias a este producto natural.

La tubocurarina revolucionaría la práctica anestésica en los años cuarenta y cincuenta del siglo xx, pero tendría un reinado corto. Tomándola como fuente de inspiración, pronto se diseñaron otros fármacos con ligeras variaciones en su estructura química, que mejoraban sus prestaciones y fueron paulatinamente sustituyéndola. Continúan utilizándose hoy en día, convertidos ya en un elemento habitual en los quirófanos. Curiosamente, no pertenece a esta categoría el principio activo de la otra planta utilizada como ingrediente principal del curare, la *Strychnos toxifera*. Se le denominó toxiferina, pero su potencia excesiva impidió su aplicación médica. Algo parecido ocurre con el propio veneno tribal del que provienen ambos compuestos, pues el arte de la caza con cerbatana del que es parte esencial prácticamente ha desaparecido. A pesar de contar con una ventaja evidente sobre las armas de fuego, el silencio permite no espantar al resto de las posibles presas, estas lo han relegado al olvido en la Amazonía. Queda, eso sí, el recuerdo de una sustancia mítica que aterrorizó a varias generaciones de conquistadores y exploradores europeos.

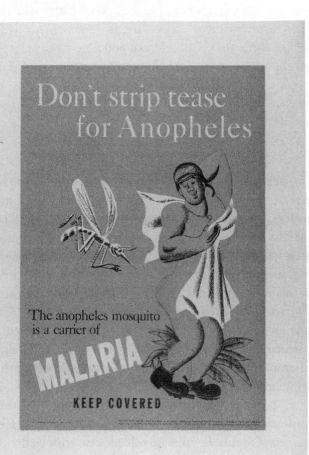

Un soldado estadounidense se desnuda tras un baño
y expone su cuerpo al ataque de los mosquitos.
Litografía en color, 1946 [Wellcome Collection].

20. EL INESPERADO
REGALO DE MAO

Las películas de Hollywood nos han acostumbrado a la escena. La noche ha caído sobre la selva. Escondidos entre la maleza, un grupo de soldados descansa tras una jornada de marcha agotadora. Tratan de dormir a pesar de la continua molestia de los mosquitos. Dos centinelas mantienen la vigilancia a unos pasos de ellos. Aferrados a sus armas, permanecen atentos a cualquier signo extraño. La oscuridad apenas deja entrever la tensión en sus rostros. Saben que en cualquier momento puede aparecer el enemigo, partidas del *Viet Cong* rondan por la zona. Ignoran, en cambio, que ya están sufriendo el ataque de otro peligro temible ante el cual han quedado totalmente indefensos.

El principal problema al que se enfrentaron las tropas norteamericanas durante la Guerra del Vietnam fue la malaria. Cientos de miles de soldados cayeron víctimas de este enemigo invisible, que les imposibilitaba luchar en los campos de batalla. Un serio inconveniente que ya habían padecido en conflictos anteriores, pero que esta vez se veía agudizado por la falta de medicamentos eficaces. Las cepas de *Plasmodium* que habitaban el territorio eran resistentes a la cloroquina, el antipalúdico de referencia en ese momento. Así que los mandos estadounidenses tuvieron que contemplar impotentes como los hospitales se llenaban de enfermos terriblemente debilitados por la fiebre y que yacían postrados durante semanas. Su único consuelo era intuir que los mosquitos *Anopheles* no harían distingos entre uniformes, por lo que los norvietnamitas compartirían su adversidad.

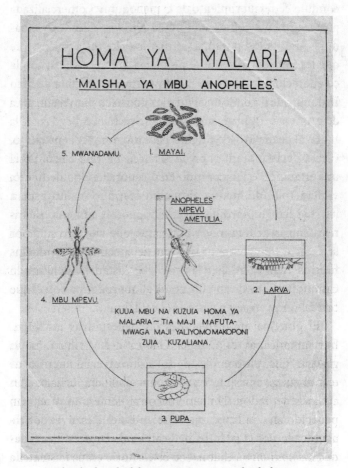

El ciclo de vida del mosquito que causa el paludismo.
Litografía en color de la División de Educación para la
Salud de Nairobi, Kenia [Wellcome Collection].

Ambos bandos comprendieron que el resultado de la guerra estaba en manos de un enemigo común, y lo combatieron de acuerdo a sus recursos. Los norteamericanos mediante su imponente maquinaria bélica, en este caso liderada por el Instituto Walter Reed de Investigación del Ejército, que les condujo el descubrimiento de la mefloquina, comercializada posteriormente con el nombre de *Lariam*. Y los norvietnamitas, limitados por una estructura científica inexistente que les impedía afrontar el problema por sí mismos, con la colaboración de su aliado más importante, la China de Mao Zedong, que no dudó en ayudarles y puso en marcha un plan de primera prioridad nacional, el Proyecto 523.

El 23 de mayo de 1967, fecha que dio nombre al proyecto, China declaró la guerra a la malaria. En una época en el que el mundo estaba partido en dos por el Telón de Acero, el desarrollo de nuevos antipalúdicos, que sustituyesen a los que habían perdido su eficacia por el aumento de las resistencias del *Plasmodium*, se antojaba vital, no solo por la Guerra del Vietnam, sino en perspectiva de conflictos futuros. Así lo pensaban las más altas instancias del Partido Comunista, que dieron luz verde a un programa con el que confiaban superar a sus rivales occidentales.

El objetivo era ambicioso, las expectativas máximas. Los inconvenientes también. Hoy en día, China es un gigante que parece capaz de alcanzar cualquier logro tecnológico, pero en aquellos tiempos era una nación atrasada y predominantemente rural. Para complicar aún más las cosas, la huida hacia delante del «Gran Timonel» por conservar el control del país acababa de desencadenar la Revolución Cultural, e intelectuales y profesores de universidad, entre otros grupos caídos en desgracia, sufrían vejaciones continuas, así como reclusiones en prisiones y campos de trabajo. Solo el incondicional apoyo gubernamental al Proyecto 523 mantuvo a sus trabajadores relativamente al margen del marasmo generalizado.

Más de sesenta centros de investigación distribuidos por todo el país colaboraron en el programa, que contó con dos líneas de trabajo bien diferenciadas. La primera se concentró en el desarrollo de antipalúdicos sintéticos y ensayó con decenas de miles de compuestos químicos. La segunda buscó inspiración en la medicina tradicional y examinó los remedios usados en las zonas donde la malaria era endémica. Las dos tuvieron que lidiar con un equipamiento obsoleto y un aislamiento total que les impedía acceder a las publicaciones occidentales. Pero ambas se sobrepusieron a las limitaciones y rindieron sus frutos. Ya en 1969, tan solo dos años después del inicio del proyecto, los primeros antipalúdicos producidos, nuevas combinaciones de compuestos conocidos previamente, eran enviados a los frentes vietnamitas. Este logro, no obstante, no colmó las aspiraciones del programa, que continuó durante más de una década. Un esfuerzo costoso y prolongado pero que se vio ampliamente recompensado por uno de los más grandes descubrimientos médicos de la segunda mitad del siglo XX.

Entre las plantas medicinales estudiadas, el qinghao pronto llamó la atención de los investigadores. Su uso como febrífugo era habitual en diversas áreas del país, así como frecuente su presencia en herbarios antiguos. Para confirmar sus propiedades, se enviaron muestras de esa planta, de nombre científico *Artemisia annua*, a distintos laboratorios y se prepararon extractos cuya eficacia se probó en ratones usados como modelo. Los primeros análisis resultaron extrañamente contradictorios. Mientras unos ensayos daban altos niveles de inhibición, otros, realizados siguiendo protocolos semejantes, parecían indicar lo contrario. Los chinos habían tropezado con la pesadilla de cualquier científico, datos no reproducibles. Un aparente callejón sin salida del que escaparon gracias a una investigadora de Pekín, Youyou Tu, que dio con la clave del enigma en un antiguo recetario del siglo IV. En contraposición al tipo de preparaciones de las que habían sido testigos los trabajadores de campo, infusiones similares a un té, este libro insistía en la importancia de realizar los extractos en frío.

Una vez conocido el problema que los detenía, la preparación en caliente descomponía el principio activo de la planta, la investigación avanzó rápidamente. La propia Dra. Tu preparó los primeros extractos que eliminaban totalmente los parásitos *Plasmodium* de ratones modelo, y aisló el compuesto químico causante de su actividad, al que inicialmente se denominó qinghaosu y actualmente artemisinina. Y sin esperar a conocer de qué molécula se trataba, médicos enviados a provincias chinas donde la malaria es endémica comenzaron los ensayos clínicos que demostraron su inmenso potencial. La culminación de esta etapa del proyecto llegó con la elucidación de la estructura química del producto natural, sorprendentemente diferente a todos los antipalúdicos utilizados hasta entonces.

A lo largo de la historia, los fármacos disponibles contra la malaria siempre han escaseado. El primero en utilizarse fue la quinina, aislada del árbol de la quina andino y que durante trescientos años se mantuvo como único remedio útil contra este temido mal. Gracias al progreso de la química como ciencia, se desarrollaron diversos antipalúdicos sintéticos, casi todos ellos limitados por su similitud con la propia quinina. Esto causó que el mismo proceso de adquisición de resistencias del *Plasmodium* contra ese producto natural también contribuyera a provocar la pérdida de eficacia de los medicamentos que intentaron sustituirlo. La artemisinina, en cambio, presenta una estructura y modo de acción completamente diferentes a los de la quinina, por lo que sigue siendo efectiva con cepas del parásito resistentes a todos los fármacos conocidos. Esta característica única, sumada a una potente actividad capaz incluso de curar la variante más peligrosa de la enfermedad, la malaria cerebral, la convertía en un hallazgo de primera magnitud. Sin embargo, las mismas causas políticas que propiciaron su descubrimiento la condenarían durante años al anonimato.

Hasta la muerte de Mao Zedong en 1976, los investigadores chinos no pudieron comunicar sus descubrimientos en publicaciones científicas. El primer artículo con la estructura y propiedades de la artemisinina apareció un año después y en él no figuran sus autores, tan solo las instituciones a las que pertenecían, ya que no se les permitía atribuirse méritos personales. Trabajos posteriores publicados en los años siguientes, unos firmados por sus autores y otros no, completaron la difusión de la información acumulada por los integrantes del Proyecto 523, que tampoco pudieron registrar una patente comercial, algo que hubiese resultado lógico en occidente pero un sinsentido en el bloque comunista. Aun así, a pesar de la poca visibilidad de las revistas chinas, la magnitud del hallazgo atrajo la atención de los expertos internacionales, con la Organización Mundial de la Salud a la cabeza. Y como para entonces China había iniciado una línea más aperturista, el comité de la OMS especializado en malaria pidió organizar en Pekín una reunión para conocer de primera mano los pormenores del misterioso fármaco.

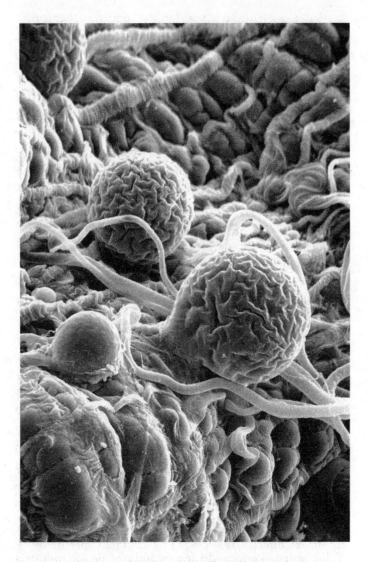

Micrografía electrónica de *Plasmodium* en el
intestino de un mosquito [Hilary Hurd].

Aquel encuentro celebrado en 1981 debería haber confirmado a la artemisinina como un antipalúdico de referencia a nivel mundial. Por un lado, los científicos chinos llevaban una década investigando este producto natural, y no quedaban dudas sobre sus excepcionales propiedades. Por el otro, la lucha contra la malaria estaba en horas bajas, muy alejada del optimismo de los años cincuenta. Tras la Segunda Guerra Mundial, se creyó que el uso masivo del insecticida ddt y la cloroquina bastaría para eliminar completamente el mal. Y si bien aquella campaña sirvió para erradicarlo de muchos países, entre ellos España, tanto mosquitos como parásitos habían adquirido resistencias contra las nuevas armas utilizadas, y la enfermedad había vuelto con fuerza en las zonas tropicales. Por todo ello, la artemisinina caía como agua de mayo sobre el campo de la malaria, aunque no llegó a calar en los salones que acogieron la reunión.

La Guerra Fría seguía vigente, al igual que los recelos entre ambos bloques. A los chinos no les agradó ver a expertos extranjeros vestidos de uniforme, algo razonable ya que mucha investigación en malaria era de índole militar. Y los occidentales no confiaban en la capacidad del país asiático para finalizar el trabajo y producir el medicamento a gran escala. Por desgracia, las sospechas mutuas pudieron más que un fármaco capaz de curar una enfermedad que en aquel momento mataba a más de un millón de personas al año, y cada bando siguió el camino por su lado. Los norteamericanos repitiendo los experimentos a partir de plantas de *Artemisia annua* que encontraron en su propio territorio, en un empeño que aportó poco conocimiento original. Y los chinos mejorando los estándares de su industria farmacéutica y poniéndolos a los niveles requeridos por la OMS, una labor que necesitó de otra década pero que por fin situó a la artemisinina en el lugar que le corresponde.

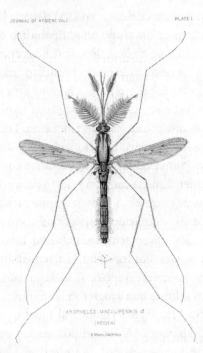

JOURNAL OF HYGIENE VOL.I

PLATE I

ANOPHELES MACULIPENNIS ♂
(MEIGEN)

Anopheles, The Journal of Hygiene [Wellcome Collection].

Hoy en día, las terapias de combinación basadas en artemisinina o act, del inglés *Artemisinin-based Combination Therapy*, constituyen el principal tratamiento contra la malaria. Estos medicamentos incluyen en su contenido un segundo fármaco menos potente, pero de efecto más prolongado, que corrige el mayor problema de la artemisinina, su rápido metabolismo en el cuerpo humano. Se asegura de esta forma la curación del enfermo y se frena la aparición de resistencias.

China conserva la hegemonía en la producción de la artemisinina y sus derivados, aunque un procedimiento novedoso compite con los cultivos de *Artemisia annua* existentes en el país asiático. En un intento de abaratar costes de producción, asunto de vital importancia teniendo en cuenta que los act van dirigidos a pacientes de pobreza extrema, la compañía farmacéutica Sanofi utiliza una levadura modificada genéticamente que produce un precursor del producto natural y luego lo transforma por síntesis química en el principio activo. Pese a que este método aún no ha sustituido al tradicional, presenta la ventaja de poder mantener un suministro constante de antipalúdicos, sin quedar a expensas de una sequía o una mala cosecha.

Gracias al amplio uso de los act y la distribución masiva de mosquiteras impregnadas con insecticida, la mortalidad por malaria ha descendido a unos cuatrocientos mil fallecimientos al año, una cifra que sigue siendo enorme pero sensiblemente inferior a lo sufrido a finales del siglo pasado. La esperanza ha vuelto a las filas de aquellos que luchan contra la enfermedad, que incluso vuelven a contemplar la posibilidad de erradicarla por completo. También ha llegado el reconocimiento a los científicos chinos que en condiciones muy precarias consiguieron desarrollar un fármaco que ha salvado millones de vidas. En el año 2015, la Dra. Youyou Tu recibió el Premio Nobel en Medicina, un galardón que en justicia debería compartir con los más de quinientos trabajadores que participaron en el Proyecto 523. Una amenaza ensombrece el horizonte, en cualquier caso. Las primeras resistencias a la artemisinina han sido detectadas en el sudeste asiático. A falta de una ansiada vacuna, ese obstáculo debería hacernos recordar que, durante el siglo pasado, los mayores avances en este campo llegaron de la mano del esfuerzo bélico. Confiemos en que no haya que esperar a otra guerra para celebrar una nueva victoria contra la malaria.

Anuncio publicitario de la maravillosa y restauradora bebida de coca de Hall, de Stephen Smith & Co., c. 1890 [Wellcome Collection].

21. SOBRE LA COCA

A día de hoy, la hoja de coca es una sustancia ilegal. A pesar de sus cuatro mil años de consumo demostrado, quedó proscrita tras la Convención Única sobre Estupefacientes de 1961. Su comercio internacional está prohibido desde entonces, y solamente una empresa conserva el privilegio de introducirla legalmente en los Estados Unidos. Se trata de la compañía Stepan, que cada año importa unas cien toneladas de hoja de coca de Perú a sus laboratorios en el estado de New Jersey. Con ellas elabora un extracto descocainizado que envía a Coca-Cola. Este es el secreto mejor guardado de «la chispa de la vida», pudo prescindir de la cocaína, que no forma parte de esta bebida desde 1903, pero no de los aromas y aceites esenciales que aporta la coca. Paradojas de la sociedad que hemos creado, los Estados Unidos han gastado miles de millones de dólares en la erradicación de un ingrediente esencial de su producto paradigmático, la marca que durante un siglo ha abanderado el *American way of life*.

Este esquizofrénico comportamiento con respecto a la coca no es nuevo, en cualquier caso. Tras cinco siglos de difícil convivencia, hay que reconocer que constituye la actitud habitual de nuestra sociedad hacia la planta. La encontramos desde el primer encuentro. Cuando en 1531 un grupo de desperados comandados por Francisco Pizarro se internó en Los Andes para sojuzgar al mayor imperio de su tiempo, se topó con una rica civilización incapaz de entender la vida sin la hoja de coca. Presente tanto en ritos como en la vida diaria, era ofrecida a los dioses e intercambiada para afirmar la amistad de los hombres. Un carácter sagrado que no pasó desapercibido a la Iglesia que, en cuanto tomó posesión de las nuevas almas incaicas, quiso prohibirles su uso con el objetivo de alejarlas de las costumbres paganas.

Pronto tendría que renunciar a sus severas intenciones. En 1545, los españoles descubrieron a más de cuatro mil metros de altitud la mayor veta de plata de la que se tiene conocimiento: el Cerro Rico de Potosí, una montaña rellena de metal que durante décadas alimentó la maquinaria imperial española. Pero para explotarla se necesitaba a los indígenas, los únicos capaces de realizar el ímprobo trabajo minero a esa altura. A través de la mita, un sistema de trabajo comunal obligatorio tomado de los incas, los conquistadores se aseguraron un flujo continuo de mano de obra. Y para que esta realizase su labor hacía falta coca, que como escribió el Inca Garcilaso de la Vega: «sacia el hambre, infunde nuevas fuerzas a los fatigados y agotados y hace que los infelices olviden sus pesares». De esta manera, la planta se convirtió en uno de los ejes de la economía del Virreinato del Perú y los españoles en los principales promotores de su cultivo, que creció enormemente con respecto a la época precolombina. Incluso la Iglesia acabaría participando en tan lucrativo negocio. Haciendo gala de su proverbial pragmatismo, se financió con los impuestos requeridos a esta actividad y se conformó con que la hoja de coca no formase parte de los rituales religiosos.

Llegados a este punto, y viendo lo bien que combinaron trabajo y coca, parecería lógico que se hubiese adoptado su empleo al otro lado del charco. Esto nunca se produjo, sin embargo. La hoja se conoció en Europa, por ejemplo, el médico sevillano Nicolás Monardes ya la describía en el libro de 1565 *Historia medicinal de las cosas que se traen de nuestras Indias Occidentales*, pero su utilización no se extendió más allá de Sudamérica. Distintos factores contribuyeron a este desinterés, desde culturales, la coca siempre se percibió como cosa de indios, hasta económicos, las prioridades de la Corona Española en su comercio con América se llamaron plata y oro. Pero no son causas menores lo dificultoso de su transporte, pues se pudre con facilidad y con ello pierde sus propiedades estimulantes, y la imposibilidad de su cultivo en Europa. Y aquí, entre unas cosas y otras, se malogró la ocasión de la coca de convertirse en una planta de amplio uso a nivel mundial.

La Edad Moderna resultó una época pródiga en el descubrimiento de nuevas sustancias estimulantes. El tabaco, el cacao y la coca de América, el café y el té orientales, todos llegaron a Europa en un intervalo relativamente corto, siendo sus diferentes condicionamientos de orden práctico los que marcaron su destino. Mientras unos, como la yerba mate o la coca, pasaron sin causar impacto alguno, otros, como los más fácilmente transportables tabaco, café y té acabaron asentándose. Pero no por ello dejaron de provocar recelos durante decenios. Hasta el café sufrió prohibiciones en varios países, y tan solo su uso continuado durante generaciones permitió eliminar las suspicacias que despertaba y dar paso a su reconocimiento como la costumbre inocua que es. La coca, por el contrario, nunca gozó de un periodo de adaptación similar y por ello ha quedado estigmatizada hasta hoy.

Transcurrirían trescientos años hasta el siguiente encuentro entre la coca y una sociedad no andina, un largo olvido que finalizó con el desarrollo científico del siglo xix.

Todo comenzó con un propósito puramente académico, fruto de las expediciones geográficas que las naciones europeas enviaron por el planeta. Los naturalistas que visitaron Sudamérica volvieron a describir las bondades de la hoja de coca y enviaron muestras a Europa. De ahí surgiría un renacido interés que, en principio, no pasó de anécdota. Pero apareció Angelo Mariani, un ayudante de farmacia corso con un olfato finísimo para los negocios, quien en 1863 patentó el Vin Tonique Mariani, un vino de Burdeos macerado con hojas de coca. Y, contra todo pronóstico, esa invención se convertiría en la bebida más glamurosa de su tiempo.

Frasco de vidrio de elixir de Kola, con 2.6 gramos de coca,
según reza en la etiqueta. Inglaterra, 1920
[Museo de Ciencias de Londres].

El papa León XIII siempre llevaba consigo un frasco de Vin Mariani, el presidente norteamericano Ulisses Grant tomó una cucharadita diaria en sus últimos meses de vida, Emile Zola lo calificó como elixir de vida… Hasta 1086 personalidades enviaron por escrito sus elogios a Mariani, que hábilmente los utilizaba en la promoción de su tónico. Entre ellas figuran tres papas, dieciséis reyes y reinas, seis presidentes de la República Francesa y celebridades como Thomas Edison, Sarah Bernhardt, H. G. Wells, Julio Verne o Auguste Rodin. Lo más granado de la sociedad occidental se aficionó al vino de coca, que por un momento dejó su estigma aparcado. Y, por supuesto, no tardaron en aparecer centenares de copias. La que más éxito obtuvo a la larga fue un curalotodo que nació como bebida carbonatada, ya que en su Atlanta natal el alcohol estaba prohibido. Tomó su nombre de las dos plantas estimulantes que contenía, la sudamericana coca y la africana cola.

Merece la pena recordar que este boom de bebidas basadas en la hoja de coca se desarrolló sin que se tenga noticia de casos de adicción asociados. Y es que, al igual de lo que ocurre con el consumo tradicional de la planta, la cantidad de cocaína presente en ellas, y su lento metabolismo al ser tomadas de esa manera, las convierten en sustancias tan inocuas como cualquier otro estimulante legal. Como dejó escrito el médico y alquimista suizo Paracelso «solamente la dosis hace al veneno». Por ello, habría que esperar al consumo de cocaína pura para ver los primeros casos de adicción, lo que en cualquier caso se produjo por la misma época.

En 1884, un joven médico austriaco que con el tiempo ganaría renombre mundial publicó una monografía sobre los usos terapéuticos de la cocaína. Este alcaloide, aislado por primera vez veinticinco años antes, llevaba dos décadas siendo comercializado por la compañía farmacéutica Merck sin excesivo éxito. Pero un aún inexperto Sigmund Freud había empezado a experimentar en propia persona con su uso, y estaba encantado de lo que veía. A su novia Martha le escribía cartas procaces en las que bromeaba «y verás quien es más fuerte, si una dulce niñita que no come lo suficiente o un viejo alborotado con cocaína en el cuerpo». Y en su consulta la prescribía para tratamientos diversos, que incluían las curas de desintoxicación de alcohol y morfina. También la recomendó a colegas amigos y uno de ellos, Carl Koller, dio con su verdadera utilidad médica.

La cocaína revolucionó la cirugía ocular, prácticamente inviable hasta aquel entonces por falta de anestésicos locales. Este alcaloide fue el primer compuesto que demostró su eficacia para tal fin, lo que lo catapultó definitivamente a la fama. En medio de una euforia exagerada, se recetó con alegría, y comenzaron a observarse los primeros casos de dependencia, muchos de ellos agravados por el uso de otro adelanto de finales del siglo XIX, la jeringuilla hipodérmica. El poder de adicción de la cocaína depende principalmente de dos factores, la dosis y la manera en que se suministra. Y si al ser tomada oralmente parte de ella se metaboliza en el hígado, cuando es inyectada produce un efecto rápido e intenso que genera una gran dependencia en el consumidor. Sorprendentemente, nadie reparó en este problema durante una buena temporada y por unos años casi tuvo consideración de fármaco milagroso, lo que disparó su demanda. Merck pasó de vender menos de un kilogramo de cocaína en 1883, a tonelada y media en 1884 y setenta y dos toneladas en 1886. Y esto solamente en los albores de lo que estaba por llegar.

Durante las primeras décadas del siglo xx, la elaboración de cocaína se convirtió en uno de los negocios más lucrativos de la industria farmacéutica. La pionera Merck dio el pistoletazo de salida en Europa, y su rival Parke-Davis le tomó el testigo en los Estados Unidos. Ambas contaron con factorías en Perú, que procesaban la hoja de coca para aislar la llamada pasta base que luego enviaban a sus fábricas centrales, donde se obtenía el alcaloide refinado. Pronto se les sumarían otras compañías y, como en los Andes no había sitio para todas, el cultivo de la coca se extendió a otras zonas. No fue este un salto problemático, pues en aquel momento la mayoría del mundo estaba en manos europeas. Y así, cada cual utilizó sus dominios, los holandeses establecieron plantaciones en la isla de Java, los británicos en Nigeria y la actual Sri Lanka y los japoneses, potencia colonial del extremo oriente, en Taiwán e Iwo Jima. A todos les iría bastante bien, si bien la coca de Java sobresalió particularmente. Los holandeses acertaron a sembrar una variedad que contenía en sus hojas una cantidad particularmente alta de cocaína, hasta un dos por ciento, más del doble de lo habitual, por lo que llegó un momento en que la producción proveniente de Asia dominó el mercado, en un auge desmedido que concluiría en un final igual de abrupto.

Una vez pasado el entusiasmo inicial, el potencial adictivo de la cocaína se fue haciendo evidente y la comunidad médica acabó renegando de su criatura. Se restringió su empleo al de anestésico local, e incluso en este campo terminaría superado por otros fármacos más eficientes. Aunque sería otro factor el principal causante del rápido declive. La condena definitiva vino de la mano de los movimientos por la templanza que proliferaron en los Estados Unidos y otros países de mayoría protestante.

Alcohol, cocaína, heroína y marihuana quedaron asociados a violencia doméstica, delincuencia, corrupción y otros males colectivos, y se extendió la idea de que solamente su prohibición frenaría esas calamidades. La ley seca estadounidense pondría en evidencia la ingenuidad de la teoría pero, al revocarse, solo se redimió al alcohol, que además de una mayor aceptación social contaba con una fuerte industria local detrás.

Conforme avanzó el siglo xx, la influencia de los Estados Unidos fue creciendo en el resto del mundo, y con ella su visión sobre la necesidad de ilegalizar las drogas, pese a que nunca quedó del todo claro hasta dónde llega este término. Los países productores se resistieron en mayor o menor medida pero, una vez finalizada la Segunda Guerra Mundial y con el liderazgo estadounidense definitivamente implantado, el planteamiento terminó por imponerse. Las plantaciones de coca fueron arrancadas en todos los países donde se había introducido y su cultivo volvió a circunscribirse al área donde tradicionalmente se ha consumido su hoja. Hasta este hábito acabaría en entredicho, por lo que empezaron las presiones para que una costumbre íntimamente ligada a la vida en la cordillera andina fuese abandonada.

La ratificación de esta tendencia tendría lugar en la ya mencionada Convención Única sobre Estupefacientes, donde injustamente se equipararon los estatus de cocaína y hoja de coca. Como para entonces el Vin Mariani no era más que un lejano recuerdo, y Coca-Cola mantenía su fórmula en secreto, nadie sacó la cara por la planta andina. Así seguimos, en una desigual pugna entre la reivindicación de los usos tradicionales de la hoja de coca, avalados por estudios que muestran su estimable valor nutricional, y la desconfianza que despierta internacionalmente por su vinculación al narcotráfico. Y aquí, llegados a este punto, topamos con la verdadera tragedia de esta historia.

Plantación de coca en Perú. Litografía de L. Gibbon [Wellcome Collection].

Mujeres recogiendo hojas de la planta de coca en Bolivia. Grabado en madera, c. 1867 [Wellcome Collection].

Cuando en 1961 se firmó la Convención Única, el tráfico de cocaína no suponía ningún peligro real. Sus rutas comerciales habían quedado cortadas durante la Segunda Guerra Mundial y su empleo no pasaba de ser una curiosidad entre ciertas élites. Todo cambió a principios de la década siguiente, sin embargo. La presión ejercida sobre las sustancias ilegales más consumidas en ese momento, heroína, anfetaminas y marihuana, condujo a un paulatino cambio de hábitos en favor de la cocaína, que además se consideraba una droga blanda y con cierto *glamour*. Y siempre que nace una demanda hay alguien interesado en cubrirla, por lo que este alcaloide comenzó una nueva vida, esta vez como rey del narcotráfico internacional.

Hoy se estima que unos dieciocho millones de personas consumen cocaína en el mundo, un mercado colosal que mueve alrededor de cien mil millones de euros al año. ¿De qué manera? Pongamos un ejemplo. Un productor, posiblemente colombiano, vende un kilogramo de cocaína pura. Recibirá 700 dólares. Cuando el paquete atraviese Panamá costará 2.500. Serán 15.000 en la parte mexicana de la frontera con los Estados Unidos y 5.000 más al otro lado de Río Grande. En su destino, pongamos por ejemplo Nueva York, habrá alcanzado un valor de 30.000. Y el verdadero negocio comienza ahí. Ese kilogramo de cocaína pura será cortado para obtener cuatro veces más producto de mercado, que una vez vendido en pequeñas dosis habrá reportado 120.000 dólares.

El tráfico de cocaína, combinado con el del resto de drogas ilegales, supone un negocio superlativo. Tanto, que no es de extrañar que a su alrededor se haya creado una estructura monstruosa que, como la hidra, regenera cada cabeza que se le corta. Y, sin embargo, la comunidad internacional se ha propuesto decapitarla, en un esfuerzo que se ha demostrado tan hercúleo como vano. Durante décadas, la llamada guerra contra las drogas se ha centrado exclusivamente en perseguir la oferta, sin tener en cuenta la enorme demanda que la mueve. El objetivo puede ser loable: que la menor cantidad de droga llegue a las calles para que quede fuera del alcance de los consumidores, bien por la propia escasez, bien por el encarecimiento ocasionado. Pero para lograrlo se ha criminalizado a campesinos y drogadictos, se han gastado miles de millones de dólares en planes de represión que no resultan y, como perversa consecuencia, se ha puesto en manos criminales una formidable fábrica de dinero capaz de corromper, y bañar en sangre, todo lo que toca.

Es hora de admitir que esta táctica no funciona. En lo que refiere a los consumidores, la cocaína sigue fiel a su cita con quien la busque. A pesar de todos los esfuerzos, la producción se acerca a las dos mil toneladas anuales, lo que garantiza su presencia en las calles a precios accesibles, por no hablar de sus sucedáneos baratos y especialmente dañinos crack y paco. Y si miramos a los países que forman parte de las rutas del narcotráfico, la situación se vuelve sangrante. Por dar un solo dato, entre 2006 y 2019 se produjeron en México más de doscientos cincuenta mil asesinatos, la mayoría de ellos vinculados a esta actividad. Durante la primera parte del siglo xx, el comercio de la cocaína fue un negocio legal que transcurrió sin causar miles de muertes violencias. Naturalmente, existió un problema de adicción en muchos consumidores, pero esta cuestión no ha mejorado con la ilegalización, de hecho, en cifras, ha empeorado. ¿No nos estaremos confundiendo?

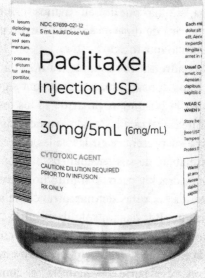

Ilustración de un vial del citotóxico antitumoral
Paclitaxel, comercializado por Bristol-Myers Squibb
en 1993 con el nombre de Taxol® [Nudelman].

22. DETRÁS DEL ÉXITO

Igual me equivoco pero tengo la sensación de que, en general, conocemos poco acerca de la maquinaria que mueve la producción de medicamentos. Como de tantas cosas, me responderán. Y llevarán razón, no se puede estar a todo. Por eso, para no perder demasiado tiempo con el asunto, tendemos a simplificar la cuestión, suponiendo que tarde o temprano cada enfermedad encontrará su cura, o como mínimo un paliativo, y que el suministro de los remedios descubiertos estará asegurado, al menos para aquellos que disfrutamos de las bondades del primer mundo. Que luego la realidad sea bastante más compleja ya se sale de nuestras competencias, qué duda cabe.

Bien, no hay quejas, resulta comprensible. En cualquier caso, convendrán con el autor que esta parece buena oportunidad para ahondar en el tema, dado el carácter del presente libro. Vamos pues con ello, si bien de manera modesta. Piensen que el arsenal terapéutico actual cuenta con unos mil quinientos fármacos, detrás de cada cual hallaremos una historia propia con elementos distintivos. Así que, con la tranquilidad de saber que existen excelentes obras de divulgación especializadas en la materia, me conformaré con escoger un ejemplo representativo, que sirva para visualizar algunas de las dificultades que entraña el proceso.

El elegido será el taxol®, uno de los antitumorales más valiosos a nuestra disposición. Desde su salida al mercado en 1993, se ha empleado para tratar a más de un millón de pacientes afectados por cánceres diversos, como los de ovario, mama, pulmón y sarcoma de Kaposi. Todo un éxito en la lucha contra este temido mal, por tanto. No obstante, el camino que hubo que transitar hasta llegar a ese punto estuvo plagado de obstáculos y contratiempos, e incluso, todavía hoy, se sigue investigando en el que desde un principio demostró ser el gran caballo de batalla a enfrentar: conseguir una producción adecuada a las necesidades. Hagamos un repaso de su desarrollo y veamos por qué.

Retrocedamos para ello a la década de los 1950, momento en el cual solo se conocen seis medicamentos eficaces contra algún tipo de tumor. Sin embargo, muy recientemente, se han descubierto los primeros antibióticos, y la quimioterapia contra la malaria también ha experimentado un amplio avance. Con esos logros en mente, el Instituto Nacional del Cáncer estadounidense pone en marcha un programa para detectar compuestos con posible aplicación en la enfermedad a la que está consagrado, el cual enseguida se amplía al ámbito de los productos naturales gracias al apoyo del Departamento de Agricultura.

El verano de 1962, dentro de las labores del plan citado, se recogen muestras de *Taxus brevifolia*, conífera autóctona del noroeste norteamericano comúnmente llamada tejo del pacífico. Ninguna circunstancia concreta motiva la recolección, simplemente obedece a un cribado puramente aleatorio.

Dos años después, tras un análisis rutinario, se concluye que la corteza de ese árbol presenta cierta citotoxicidad. A continuación, de acuerdo a lo indicado en el protocolo fijado, se procede a tomar más material vegetal del mismo paraje, el bosque nacional Gifford Pinchot en el Estado de Washington. Con él, se inician las pruebas que conducirán al aislamiento del compuesto responsable de la actividad encontrada, al que se denominará taxol, meta que se alcanza en septiembre de 1966.

El siguiente lustro se dedica a elucidar la estructura de la molécula purificada, que se demostrará en particular compleja. Se avanza lentamente, pues de forma paralela se están examinando otros candidatos con acción antitumoral confirmada igual de prometedores. Durante dicha etapa, se precisa realizar una nueva recolección, que evidencia el que a partir de ahora destacará como principal escollo a salvar, la dependencia de una fuente de origen silvestre, problemática agravada, además, por una serie de factores añadidos. A saber, el tejo del pacífico es una especie de crecimiento extremadamente lento, cosechar corteza implica matar árboles y el proceso de extracción rinde cantidades ínfimas del fármaco pretendido.

Vista la situación, investigadores del proyecto aconsejan una búsqueda de métodos alternativos para obtener taxol. La propuesta se estima acertada, pero por una razón u otra permanecerá aparcada dos décadas. No será debido a la marcha de los acontecimientos, que la van a refrendar punto por punto. A modo de comprobación, basta con enumerar las recogidas de material efectuadas en ese periodo: tres toneladas de corteza en 1977, nueve en 1980, cinco en 1984, veintisiete en 1986, cincuenta y cuatro en 1989, setecientas veintiséis en 1991, otras setecientas veintiséis en 1992. A una media de dos kilogramos de corteza seca por tejo abatido, echen ustedes cuentas del estropicio causado en los bosques estadounidenses.

En 1979, se publica cómo actúa el fármaco. Impide la reproducción celular por mitosis, si bien mediante un mecanismo inusual, distinto al encontrado previamente para otros productos naturales. Este hallazgo aumenta el interés por el taxol, así como las peticiones de muestra para realizar nuevos experimentos. Al mismo tiempo, se están completando los estudios toxicológicos en animales. Finalizarán con bien tres años después, lo que permitirá encarar la etapa siguiente: los ensayos clínicos en humanos. Para entonces, el programa de cribado de plantas del Instituto Nacional del Cáncer ya no existe. Se ha clausurado en 1981, tras haber analizado ciento catorce mil extractos de unas quince mil especies diferentes. A su cese, el plan no puede catalogarse de exitoso. A pesar de haber descubierto varias moléculas con opciones, todavía no ha proporcionado ningún medicamento aprobado para su uso (*espóiler*: más adelante lo lograrán dos, el taxol y la camptotecina).

En 1984, dan comienzo los ensayos clínicos señalados. Constan de tres fases, como marca la normativa establecida. La primera examina la seguridad del fármaco, la segunda su eficacia contra una dolencia dada y la tercera su superioridad con respecto a los tratamientos estándar en ese momento. El paso entre etapas implica una evaluación positiva de la precedente, de acuerdo a un protocolo que va requiriendo un número creciente de pacientes voluntarios.

Durante la fase i, que se alargará por un año e involucrará a un centenar de enfermos, se observa que el modo de administración anteriormente practicado en animales genera problemas. Al ser el taxol un compuesto insoluble en agua, se inyecta disuelto en aceite de ricino etoxilado, cuya utilización provoca reacciones alérgicas. Se da con una solución de compromiso, basada en suministrar el fármaco de manera ininterrumpida y el empleo simultáneo de antihistamínicos.

A continuación, y tras el beneplácito pertinente, se acomete la fase ii, que en realidad consiste en varios ensayos independientes, al querer evaluar una serie de tumores distintos. De inicio, se seleccionan los de ovario, riñón y melanoma. También se planifican los de mama, colon, estómago, cuello de útero, próstata y pulmón, pero la escasez de taxol obliga a aplazarlos indefinidamente. De los abordados, solo el de ovario ofrece resultados satisfactorios. Conducirán a una fase III igualmente favorable y, como culminación, a la aprobación de su uso contra este tipo de cáncer concreto en diciembre de 1992.

Unos meses después, llega al fin al mercado. Lo hará de la mano de la compañía Bristol-Myers Squibb, ganadora de un concurso que le otorga su comercio en exclusividad durante siete años. A cambio, la empresa ha asumido los costes de producción, que han rebasado la capacidad presupuestaria del Instituto Nacional del Cáncer. El convenio es posible gracias a la designación del fármaco como medicamento huérfano, y a las ventajas administrativas reservadas a estos tratamientos contra enfermedades raras o sin alternativa terapéutica. Un acicate necesario, dado que el conocimiento público del compuesto impide su protección bajo patente, si bien sí se accede al registro de taxol® como nombre de marca, lo que conlleva una nueva denominación genérica para nuestro protagonista, paclitaxel.

A estas alturas, por tanto, el fármaco se encuentra en circulación, pero su explotación exige copiosas recolecciones de corteza, como las mencionadas de 1991 y 1992. De hecho, en base al número de pacientes de cáncer de ovario en los Estados Unidos, se estima que su empleo como terapia implicaría una tala anual de trescientos sesenta mil árboles, solo para atender los casos localizados en ese país. Consciente de lo insostenible de la situación, Bristol-Myers Squibb implementa un procedimiento para su elaboración que no depende de fuentes de origen silvestre.

Taxus baccata, el tejo europeo, una conífera
con bayas rojas [Iva Vagnerova].

Dicho método se fundamenta en el parecido estructural entre el taxol y dos productos naturales presentes en las hojas de todas las especies de tejo, la bacatina III y la 10-deacetil-baccatina III. Desde la década anterior, se conoce el modo de formar el primero a partir de las segundas por vía química, pero ponerlo en marcha a escala industrial comporta problemas de logística añadidos. Es indispensable crear plantaciones con las variedades cultivables de ese tipo de árbol y factorías aptas para realizar los procesos de extracción y semisíntesis, logros que se dan por completados en 1995.

Las nuevas y más abundantes remesas del fármaco, consecuencia de las recolecciones masivas de principios de los noventa y su posterior sustitución por el procedimiento comentado, permiten efectuar los ensayos clínicos pospuestos. Gracias a ellos, se suceden diversas autorizaciones de uso: contra el cáncer de mama en 1994, contra el de pulmón en 1999, etcétera. Cada una de estas aprobaciones supone un mayor consumo, que a su vez espolea el desarrollo de innovaciones en el ámbito de la producción.

Ya en el siglo xxi, el cultivo de células de tejo en enormes biorreactores reemplaza a las plantaciones, debido a los beneficios que aporta: velocidades de crecimiento más altas, independencia de las condiciones climáticas, menor utilización de fitosanitarios y agua. Se mantiene, sin embargo, el método de semisíntesis, puesto que la extracción directa de taxol ofrece rendimientos muy bajos. Por tal causa, se continúa investigando en este campo, concretamente en el diseño de microorganismos modificados genéticamente capaces de segregar el compuesto. Se espera que la aplicación de herramientas de edición genómica novedosas, como la técnica CRISPR/Cas9, ayude a alcanzar el objetivo.

Hasta aquí la reconstrucción histórica, que habla por sí

sola. No obstante, antes de finalizar, me gustaría incidir en el que acaso sea el aspecto más llamativo, lo largo y costoso del proceso. Un rasgo que resulta común al desarrollo de cualquier medicamento, y que lo restringe a entidades de gran musculatura financiera. Por ese motivo, el Instituto Nacional del Cáncer no pudo culminar el proyecto, y este acabó en manos de una empresa multinacional. No en vano, el sector privado domina el negocio farmacéutico, en un modelo que en general funciona pero que no está exento de deficiencias. Una de ellas atañe a los productos naturales, cuya frecuente complejidad estructural y dificultad de protección bajo patente priva de una mayor atención por parte de la industria. Sus responsables privilegian el estudio de compuestos sintéticos, más compatibles con los ensayos de actividad biológica altamente automatizados que imperan hoy en día.

Pese a ello, éxitos como el relatado demuestran la vigencia, a la hora de combatir las enfermedades, de las moléculas de origen natural, fruto de caminos evolutivos a menudo relacionados con los mecanismos de defensa de las especies que los generan. Con razón, estos compuestos destacan en particular por su acción contra tumores e infecciones, como evidencian el taxol, la penicilina o la quinina, por citar tres ejemplos emblemáticos. Y cabría preguntarse, ¿cuántos fármacos esperan su descubrimiento entre los productos naturales segregados por animales, hongos, plantas y microorganismos? No lo sabemos, pero sí conocemos un dato alentador: se calcula que únicamente se ha evaluado el cinco por ciento de la biodiversidad mundial. Ahí tenemos un buen motivo para luchar contra la actual crisis medioambiental, causante de unas tasas de extinción entre cien y mil veces mayores que la estimada en los albores de la humanidad. Nuestra propia salud está en juego.

23. DIARIO DE UN HOMBRE ATRIBULADO

FICHA DOCUMENTAL

Proyecto: La sexualidad masculina en la
post-postmodernidad, un estudio comparativo

Tipo de documento: Diario personal, manuscrito

Autor: Desconocido, firmado por un tal Francisco J.

Origen: Madrid, encontrado en un piso de la
calle Jorge Juan tras cambio de inquilino

Remitente: Juan Carlos Reyes, profesor emérito de
este departamento y propietario del inmueble

Entrada en el registro: 15 de noviembre de 2019

Código de identificación documental: SMPP-324

INICIO DE LA TRANSCRIPCIÓN

Domingo 23 de abril de 2017

16:30. Qué malo es esto de hacerse viejo. Ya van dos seguidas. Y esta, sin excusas. Señora estupenda, buen rollo, vinito, risas… pero a la hora de la verdad, gatillazo. Nada, que no hubo manera de sacar a Paquito a pasear. La madre que lo parió. Y, claro, a disculparse toca. Que si el estrés. Que si no sé qué me ha podido ocurrir. Que si es la primera vez que me pasa. Chorradas. Y ella muy cortés. Que si no te preocupes. Que si le das demasiada importancia. Qué va a decir. Ahora, a esa no la veo más el pelo. Entre otras cosas, porque no la pienso llamar. ¿Con qué cara la miro después del papelón de anoche?

Nota mental: Este martes toca fútbol. Aprovechar el tercer tiempo para sacar el tema. ¿Para qué están los amigos si no?

Martes 25 de abril de 2017

23:15. Quién me manda contarles nada a esos energúmenos. No van y me dicen que coma nabo. Menudos cabrones. Y espera, que me quedan bromas para rato. Lo largo que se me va a hacer. Si al menos me hubieran dado alguna pista. Porque, esa es otra, allí nadie sabía nada del tema. Todos cumplen perfectamente. Venga hombre, que peinamos canas desde hace años. Como se muevan en otro sitio que yo me sé igual que en el campo lo llevan claro. Si la mitad se asfixia a la primera carrera. Yo al menos me mantengo razonablemente en forma. Aunque para lo que me sirve...

Miércoles 26 de abril de 2017

22:00. Me han llamado Manolo y Dani. Que sienten el cachondeo del otro día. Oye, se agradece. Por lo menos en privado se portan como dios manda. También me han dado algún consejo. Mucho saben, me parece que estos andan peor que yo. Pero bueno, a lo que vamos. Que pruebe con una bebida llamada mamajuana. Viene del Caribe, no es mala señal. También me han mencionado la viagra, pero por ahí no paso. Ni que tuviese la edad de mi padre.

Viernes 28 de abril de 2017

17:30. Menos mal que existe internet. ¿Qué haría la gente

antes? Un ratito en *google* y ya me han salido un par de nombres más, cantaridina y yohimbina. Todo natural, nada de productos químicos. Habrá que aprovechar el fin de semana para mirarlo con cuidado.

Sábado 29 de abril de 2017

11:20. Mal empezamos. Esto de la mamajuana no me convence. Parece un mejunje de cuidado. Si ni siquiera he encontrado dos recetas iguales. Solo tienen en común el ron. Luego, que si miel, que si trozos de plantas de lo más variopinto, que si hostias en vinagre. Todo para que quede una bebida amarga que en la República Dominicana emplean como afrodisíaco. Pues no sé qué decirte. Porque en un artículo en inglés de lo más serio contaba cómo los esclavos africanos que la inventaron tuvieron que cambiar de plantas cuando los llevaron a la isla. Coño, si vamos a eso, también el café es amargo y no lo veo yo muy útil para el asunto. Nada, a otra cosa, que no estoy para probaturas. Los experimentos con gaseosa.

14:00. Otra que tal. Bueno no, peor, mucho peor. Cantaridina, polvo que se obtiene al moler una especie de escarabajo al que, vete a saber por qué, llaman mosca española. Raro, raro. Y un peligro, que un montón de gente ha palmado por usarla. Hasta Fernando el Católico, según he leído por ahí. Debe de ser porque tiene algo tóxico que inflama la uretra cuando se excreta. Y, claro, da la sensación de que la cosa se activa. Pero a qué precio. Vamos, que se sale de Guatemala para entrar en Guatepeor.

17:30. Yohimbina. Esta tiene mejor pinta, «produce vasodilatación periférica y dilata los órganos genitales». El problema es dónde encontrarla. Se extrae de la corteza de un árbol del África Tropical en peligro de extinción. No me extraña. Hay un huevo de páginas web anunciando extractos de esa planta. A saber lo que venden.

22:40. He mirado hasta la medicina china. Que si cuerno de rinoceronte, que si pene de tigre, que si pepino de mar… Vaya tela. Y vaya sangría, porque con la tontería, encima de no conseguir nada, matan los pocos bichos que quedan. En fin.

Domingo 30 de abril de 2017
9:30. Lo único que ayer saqué en claro es saber que solo soy uno de tantos. En todos los lugares y en todas las épocas ha habido tíos en mi situación. Y se han creído cualquier cosa. Cuidado.
Nota mental: Darme de baja del *Tinder* hasta nueva orden. No está el horno para bollos.

Sábado 6 de mayo de 2017
23:30. Igual lo de la viagra no es tan mala idea después de todo. Primero porque estoy en edad. «Del 30 al 40% de los hombres por encima de cincuenta años sufren disfunción eréctil». Que digo yo que ya es mala suerte que te toque a las primeras de cambio pero, mira, es lo que hay. Y segundo porque funciona. Eso no lo discute nadie. Con la ventaja añadida de no causar erección sin estimulación sexual previa, que tampoco es cosa de llevar el palo mayor enhiesto sin ton ni son.

Domingo 7 de mayo de 2017

13:40. Esta la tengo que contar. Año 1983, congreso anual de la Asociación de Urólogos Americanos, conferencia de un tal Giles Brindley. Habla sobre sus experimentos para encontrar un fármaco contra la disfunción eréctil. Como estamos en los tiempos pre-viagra, es toda una novedad. También una movida, porque el colega se ha inyectado en su propia polla las sustancias estudiadas, que hay que tener valor. Así que allí anda el amigo, enseñando fotos de su cola a la concurrencia, cuando de repente anuncia que antes de salir del hotel se ha inyectado el producto que mejor le ha funcionado. Y que le gustaría mostrarles su efecto. Toma ya. Para verlo, el menda con los calzones por las rodillas acercándose a la primera fila de butacas para que los presentes vean su erección. Y los otros pidiéndole a gritos que no se arrime, a ver si aún los va a regar. Eso sí que es captar la atención del espectador.

20:20. Más información sobre las pastillas azules. La he sacado de las noticias que se publicaron en 2013, al cumplirse quince años de su salida al mercado. Bien curiosas, por cierto, que al final hasta me voy a reír con el asunto. Ahí va una: «La CIA utilizó viagra como moneda de cambio en Afganistán». Se ve que a la hora del fornicio todos cargamos hacia el mismo lado. Otra: «El SIDA gana terreno en la tercera edad», que mucha gracia no les debe hacer a los susodichos, pero no deja de tener su punto. Claro, con la ayudita extra andan dale que te pego y, como no pueden tener hijos, se creen que todo el monte es orégano. Aún va a haber que decir «abuelo, póntelo pónselo».

Lunes 8 de mayo de 2017

14:00. Puñetero Matías. Que me distraigo mucho últimamente, me dice. ¿Quién se cree que es, el dueño de la empresa? A la mierda lo tenía que haber mandado. En fin, ahí va un apunte rápido. Existen otros fármacos parecidos a la viagra (cialis, levitra). Por la noche sigo, que no quiero jaleos.

22:10. Sobre cialis y levitra. También presentan efectos secundarios, que nada sale gratis. Tienen menos fama porque son más recientes. Y se hicieron a tiro hecho, no como la viagra que apareció de casualidad. Esa no la estaban ni buscando. Supuestamente habían diseñado un medicamento para la hipertensión arterial. Menuda cara se les debió quedar a los voluntarios que la probaron.

Martes 9 de mayo de 2017

23:30. Ojo al dato: «Cerca de cuarenta millones de hombres en todo el mundo han ingerido casi dos mil millones de píldoras de Viagra». Ya son gente, oye. ¿Habrá uno más dentro de poco? Veremos. Por de pronto tendré que pasar por el médico para ver si me la receta. La alternativa sería comprarla de extranjis por internet, pero de esa no me fío. Que luego te venden cualquier mierda y vete a reclamar.
Nota mental: Llamar mañana al Doctor Campos. ¿Para qué están los expertos si no?

FIN DE LA TRANSCRIPCIÓN

24. EL OTRO ÁMBAR

Ahí lanzo una idea loca: les recomiendo que la próxima vez que caminen por una playa se acompañen de aguja y mechero. Y aquí su justificación: un tesoro oculto podría estar esperándoles. Se asemejará a una piedra. A un simple canto rodado moldeado por las mareas. Pero no se fíen de las apariencias y avancen con cuidado. Se busca objeto de aspecto ceroso y olor penetrante. Duro pero frágil. Acaso ribeteado con restos de picos de calamar. Si localizan algo que se le parezca, acérquense sin tener muy en cuenta su color pues, desde marrón oscuro hasta gris amarillento, una larga gama de tonalidades es posible. Calienten la aguja con el mechero y prueben a insertarla en la pieza. Si lo consiguen y ven fluir del orificio una especie de aceite color chocolate, enhorabuena. Muy probablemente tengan ante ustedes una sustancia mítica cuyo elevado precio no ha decaído en los últimos mil años. Se denomina ámbar gris y posee una característica única: su aroma singular.

Descrito como marino y animal, dulce y denso, almizclado y terroso, el olor del ámbar gris ha cautivado al ser humano durante generaciones. Sus primeros ecos nos llegan desde el mundo árabe medieval, donde dejó huella en abundantes textos. Aparece tanto en relatos tradicionales como *Las mil y una noches*, en uno de sus cuentos Simbad lo encuentra en una isla desierta a la que ha sido arrojado tras un naufragio, como en tratados médicos tipo *El libro de la almohada*. Este recetario escrito en el siglo XI por el toledano Ibn Wafid constituye, además, un ejemplo particularmente interesante, ya que hace referencia al «ámbar de Medina Sidonia», que se recogía en el litoral atlántico gaditano y disfrutó de gran fama.

No fue el único lugar de donde se obtuvo. Por lo que sabemos de aquella época, los mercaderes persas que dominaron su comercio viajaban en su busca hasta costas tan remotas como las de Somalia, Borneo o las islas Nicobar. Y más adelante, tras el descubrimiento de América, se trajo también del Nuevo Mundo, como relató el médico sevillano del siglo XVI Nicolás Monardes. Su libro Historia medicinal de las cosas que se traen de nuestras Indias Occidentales contiene un capítulo dedicado a esta sustancia, donde menciona el transporte de piezas de decenas de kilogramos provenientes de la Florida y la costumbre de los habitantes de esas tierras de untarse con ella debido a su buen olor, así como la afirmación: «tiene el ámbar grandes virtudes, y sirve para muchas cosas, y así es cosa de mucho precio, que la buena vale hoy más de dos veces oro finísimo».

La ilustrativa frase de Monardes resume las dos constantes principales del ámbar gris a lo largo de la historia: su alto coste y la variedad de usos que se le han dado. El más importante, obvio, ha tenido a la elaboración de perfumes como protagonista, y más si consideramos que, además de su aroma sugerente y duradero, esta sustancia posee la poco común cualidad de fijar y exaltar otras fragancias más delicadas y fugaces. Este empleo continúa hoy en día y muchos de los más selectos perfumes contemporáneos contienen cantidades variables de ámbar gris en su composición. Pero es la única utilización que persiste, las demás se abandonaron hace tiempo. Será interesante repasarlas, en cualquier caso, ya que resultan bien llamativas bajo nuestra perspectiva actual.

Ámbar gris en una playa [Alex Farias].

A medio camino entre perfumería y medicina figuran los pomos de olor, que se pueden observar en abundantes retratos medievales y renacentistas, y se creía que servían para protegerse de los miasmas. En una época donde no se conocía el origen de las enfermedades infecciosas, muchos las asociaban a los ambientes fétidos, y portaban en su vestimenta esas bolitas de metal repujado que se llenaban de materiales aromáticos. Y, ya totalmente dentro del segundo de estos dos ámbitos, encontramos que varios sistemas de medicina tradicional usan el ámbar gris como remedio contra males de lo más diverso. Lo que de alguna manera estaría relacionado con su empleo como reconstituyente, al que al parecer fueron dados dos franceses ilustres, el cardenal Richelieu y Brillat-Savarin, autor del primer tratado de gastronomía. O como afrodisiaco, la leyenda cuenta que Giacomo Casanova comía mousse de chocolate sazonada con esta sustancia por dicha razón. También gozaron de gran éxito los huevos cocinados con idéntico condimento y, según cuentan las crónicas, llegó a ser el plato preferido del rey Carlos II de Inglaterra. Siempre nos quedará la duda de saber qué motivó su exótico hábito, si el simple placer culinario o un gusto por la ostentación que el prohibitivo precio de este artículo fomentaba.

Porque el ámbar gris siempre fue un bien escaso, al no haber manera de prever dónde y cuánto iba a aparecer. Cabría preguntarse por qué, cómo se origina este elusivo material que llega a las costas de una manera inconstante y aparentemente arbitraria. La respuesta no puede ser más insólita, pues nos conduce hasta las entrañas del mayor depredador sobre la faz de La Tierra. Allí, en los mismos intestinos del leviatán, se crea la masa de restos de calamar y secreciones que acabará transformándose en ámbar gris. Qué mejor, por tanto, que acudir a las páginas de *Moby-Dick* para ilustrar este punto.

Recipiente de farmacia con inscripción alusiva a «pastillas almizcladas francesas de madera de aloes de Mesue». La preparación se hizo a partir de madera de aloe y dos productos de origen animal, el ámbar gris y el almizcle, ambos difíciles de encontrar en grandes cantidades. Prensados en forma de comprimidos se usaban para fortalecer el cerebro y el corazón. Todos los ingredientes son muy fragantes, por que también actuaron como desodorante y refrescante para el aliento [Wellcome Collection].

A su capítulo noventa y uno, para ser exactos. En él, Herman Melville narra como Stubb engaña a la tripulación de un barco francés, bautizado con muy mala leche como «Capullo de rosa», que está tratando de faenar un cachalote hallado muerto en medio del océano. Para ello, el segundo oficial del Pequod se aprovecha de los pocos conocimientos balleneros de los galos y, tras convencerlos de abandonar los restos del cetáceo, rema hasta el cuerpo flotante y excava en su interior hasta que «dejando caer la azada, metió las dos manos dentro y sacó puñados de algo que parecía jabón blando de Windsor, o un substancioso queso viejo y moteado, muy untuoso y grato sin embargo. Finalmente se puede mellar con el pulgar; y es de un color entre amarillo y ceniza. Y esto, buenos amigos, es el ámbar gris, que para cualquier droguero vale una guinea de oro la onza.»

Así es. Volviendo a la realidad, se han llegado a extraer 455 kilogramos de esta sustancia del interior de un único cachalote. Ocurrió en 1914 en aguas australianas, y se pagaron por ellos veintitrés mil libras esterlinas. Aunque, para ser justos, este pasaje novelesco contiene una inexactitud que conviene puntualizar. Es muy probable que Melville manejase ámbar gris de una calidad tan alta como la que describe su relato, pero no que saliera de esa manera del cuerpo del animal. Extraído directamente de la ballena que lo genera, surge negro, blando y con un olor de lo más desagradable. No es para menos, ya que en origen no se trata de otra cosa sino de materia fecal. Un cálculo intestinal formado por los restos indigeribles de la presa predilecta de esta especie, cutículas de nematodos parásitos y sus propios jugos. No será hasta que esa concreción sea liberada, cuando se inicie un largo proceso de degradación, provocado por la acción del sol, el aire y el agua, que concluye en el apreciado producto que forma parte de tantos y tan caros perfumes. Una auténtica metamorfosis química que dura años, incluso décadas, y durante los cuales el ámbar gris flota sobre mares y océanos hasta que un día el azar lo deja varado en una playa cualquiera.

Parece increíble y, sin embargo, como poco existe otra sustancia semejante de uso en cosmética. Hablamos del hyraceum, formado a partir de los excrementos petrificados del damán de El Cabo, un mamífero sudafricano con apariencia de roedor que tiene la costumbre de vivir en colonias que defecan en un mismo lugar. Y si extendemos el análisis a otras esencias animales, nos topamos con el almizcle, la algalia y el castóreo, tres secreciones glandulares que se obtienen respectivamente del ciervo almizclero, la civeta y el castor, y que gozan de predicamento en perfumería desde antiguo.

Por desgracia, la producción a gran escala de estas tres últimas implicaría la muerte de miles de ejemplares, lo que ha forzado a la industria del sector a buscar análogos sintéticos de características parecidas. Un proceso que también ha sufrido el ámbar gris, cuyo comercio está prohibido en varios países al proceder de una especie amenazada. Por ello, se han desarrollado varios sustitutivos de esta sustancia, todos ellos tratando de emular las características de su componente principal, la ambreína. Lo que tiene su intríngulis, dado que este compuesto en realidad no huele. Solamente al oxidarse da lugar a dos moléculas volátiles, una de las cuales, denominada ambrox, es el principal responsable del afamado aroma. Así que, aunque hoy en día se sintetizan grandes cantidades de ambrox a partir de un producto natural barato presente en la salvia, el esclareol, algunos perfumistas siguen prefiriendo el ámbar gris original, que emite una fragancia más suave y sutil, ya que la oxidación de la ambreína sucede de una manera continua pero lenta.

MOBY-DICK;

OR,

THE WHALE.

BY

HERMAN MELVILLE,

AUTHOR OF

"TYPEE," "OMOO," "REDBURN," "MARDI," "WHITE-JACKET."

NEW YORK:

HARPER & BROTHERS, PUBLISHERS.

LONDON: RICHARD BENTLEY.

1851.

Página de título de la primera edición de *Moby-Dick*, de 1851.

Naturalmente, esta inclinación a mantener el uso de la fuente natural queda restringida a los perfumes más exclusivos, ya que el precio del ámbar gris no ha menguado.

Algo que resulta lógico si tenemos en cuenta el deterioro que sufrieron las poblaciones de cachalotes durante los dos siglos pasados. Con la publicación de *Moby-Dick* en 1851, Melville inmortalizó un medio de vida hoy perdido pero que constituyó la primera gran industria estadounidense. En su apogeo, a mitad del siglo XIX, empleaba a miles de marineros que, a bordo de sus barcos balleneros, partían de puertos míticos como los de New Bedford y la isla de Nantucket y emprendían viajes que podían durar años antes de regresar con su valioso botín. Una bodega a rebosar de barriles llenos de esperma, el aceite que atesoran los cachalotes en el interior de su enorme cabeza, y que hasta la llegada del petróleo alumbró las ciudades de medio mundo.

La caza del cachalote.

Se cree que un cuarto de millón de ejemplares fueron capturados. Caerían muchos más en el siglo siguiente, cuando los europeos tomaron el relevo y contaron con armas tan poderosas como el arpón explosivo. Hoy quedan unos trescientos sesenta mil, una tercera parte de la población que debió de existir al inicio de su caza. Y no todos producen ámbar gris, los cálculos intestinales que lo originan no dejan de ser una anomalía fisiológica que solamente sufren en torno al uno por ciento de ellos. Dicho esto con precaución, por supuesto, pues son meras estimaciones. En realidad, gran parte de la vida de los cachalotes sigue oculta tras la inmensidad de los océanos. Todavía desconocemos, por ejemplo, si ese cetáceo es capaz de liberar ámbar gris por las heces o este se acumula hasta obturar su recto y causar su muerte. Habrá que esperar a que alguien presencie una cosa u otra para averiguarlo.

Y, para terminar, una cuestión que, si bien parece baladí, ha generado no pocos equívocos: ¿en qué momento se descubrió la relación entre ámbar gris y cachalotes? Si nos restringimos al ámbito académico, no hay duda. Podemos poner lugar y fecha. En 1724, los naturales de Nueva Inglaterra Zabdiel Boylston y Paul Dudley publicaron en la revista *Philosophical Transactions* sendos artículos en los que explicaban este vínculo gracias al testimonio de diversos marinos de la por entonces pujante industria ballenera de la zona. Se zanjaba así el debate sobre la procedencia de esta sustancia, a la que a lo largo de la historia se le han atribuido orígenes de lo más variopinto. Aquí una lista: espuma seca del mar, excrementos de aves, secreciones de cocodrilo, restos de cera de panales, hongos crecidos en el fondo de los océanos o en rocas costeras, frutos o goma exudada por árboles del litoral, bitumen aflorado de las profundidades marinas e incluso aroma de baba de dragón. Todas ellas especulaciones que hoy sabemos carentes de sentido, pero que en su día formaron parte de obras que, con mayor o menor acierto, aspiraron a plasmar conocimiento verdadero.

Quizá debido a la confusión existente en los textos antiguos, los dos artículos mencionados han llevado a varios autores a otorgar a los balleneros estadounidenses del XVIII el mérito de identificar la fuente natural del afamado producto odorífero. Pero están equivocados. Un siglo antes, el médico portugués Juan Méndez Nieto ya había relatado en sus *Discursos Medicinales*, una suerte de memorias de su novelesca vida, como los tripulantes vascos de una pequeña galeaza corsaria en la que estaba embarcado mataban una cría de cachalote para fundir su grasa y buscar ámbar gris en su interior. Esto concuerda con la larga tradición ballenera euskaldún, que también incluyó la caza de ejemplares de esta especie, a los que llamaban «trompas», y el refinado de su esperma. Pero es que, si nos remontamos hasta el año 1300, descubrimos que el célebre *Libro de las Maravillas* de Marco Polo refiere al hablar de Madagascar: «Tienen mucho ámbar, porque en este mar hay ballenas en cantidad, y como las pescan, se procuran el ámbar, pues de ellas lo extraen». Una información que el veneciano debió adquirir tras conversar con mercaderes persas durante su famoso viaje a oriente. Lo que nos conduce al propio origen de la palabra ámbar, aspecto este que resulta absolutamente esclarecedor. Primero y más importante porque el término del que procede, ʿanbar (ربنع), denota en árabe tanto ámbar gris como cachalote. Pero también porque ese vocablo contiene cuatro consonantes, ʿayn, nūn, bāʾ y rāʾ, lo que con frecuencia implica una procedencia distinta a la árabe. ¿Lo tomarían ellos a su vez del persa? Si bien esto último queda en simple conjetura, parece razonable pensar, aunque no necesariamente cierto, que el pueblo que dominó el comercio de esta sustancia durante siglos fuese también el primero en advertir su conexión con el animal que lo genera, y que esta asociación quedase reflejada en su lengua.

En fin, ya saben, la próxima vez que caminen por una playa, prueben a emular la búsqueda de una aguja en un pajar en versión ámbar gris entre las rocas. Un aromático tesoro puede estar esperándoles.

此是藥聖爺手拿鐵銀藥行人供之

El sabio chino Yao Shang, representado con trajes tradicionales y sosteniendo un recipiente de medicina. Acuarela, siglo XIX [Wellcome Collection].

25. IMPULSO ANIMAL

En lo relacionado con la salud del ser humano, una de las principales constantes en su historia ha sido la búsqueda en la naturaleza de remedio para sus dolencias. Todavía hoy, se estima que el ochenta por ciento de la población mundial recurre a la medicina tradicional como primera opción curativa. Aclaremos que no lo hacen por convencimiento con la moda naturista que nos rodea, sino por pura necesidad. La rica farmacopea actual solo es accesible para los habitantes del llamado primer mundo y las clases más privilegiadas del resto de los países. Estos afortunados, entre los que nos encontramos, disfrutan de lo mejor de cada campo. Cuentan tanto con fármacos sintéticos como con otros que se extraen de sus fuentes naturales. Porque, y aquí conviene hacer otra puntualización, la medicina moderna no está reñida con la tradicional. Más bien habría que decir lo contrario, que ha incorporado lo mejor de su saber. Que un medicamento se tome en dosis precisas, lo cual supone una ventaja importante con respecto al uso de plantas medicinales, no nos dice nada sobre su origen. De hecho, una cuarta parte de los fármacos aprobados en los últimos cuarenta años son productos naturales o derivados directos suyos.

Dicho esto, volvamos al comienzo. Concentrémonos en un comportamiento que consideramos inherente al ser humano pero que no deja de ser curioso. Creer a la naturaleza capaz de ofrecer sustancias que mitiguen e incluso curen nuestros males. Hoy en día nos parece obvio, pues conocemos el origen de las enfermedades y los mecanismos causantes de que ciertos compuestos las combatan. Pero esto es algo muy reciente y durante casi toda nuestra existencia como especie lo relacionado con la salud estuvo rodeado de mitos e ideas erróneas. Aun así, todas las sociedades tradicionales actuales, así como aquellas del pasado de las que se tiene referencia, han utilizado plantas medicinales. Una unanimidad que lleva a preguntarse: ¿de qué manera y en qué momento adquirimos este hábito?

No existe una respuesta clara a esa cuestión, pero sí dos ámbitos donde buscar indicios relevantes. El primero sería nuestro pasado remoto. Si nos fijamos ahí, los vestigios más antiguos del empleo de vegetales con fines relacionados con la salud por parte del *Homo sapiens* se encuentran en Sudáfrica. Allí, en el yacimiento de Sibudu, se han hallado restos de colchones de paja confeccionados hace setenta y siete mil años con plantas que producen sustancias con efecto insecticida, algunas de las cuales todavía siguen en uso como repelentes. Estaríamos, por tanto, ante una práctica que en esa zona se ha mantenido sin excesivas alteraciones por varias decenas de milenios. Y si ampliamos el rango de exploración a otras especies del género *Homo*, aún descubriremos datos más interesantes. Uno particularmente llamativo proviene de nuestros primos los Neandertales. En concreto, de una población que vivió hace cincuenta mil años en la asturiana Cueva del Sidrón y de la que, para nuestra suerte, se han recuperado restos óseos de al menos doce individuos. Su análisis está poniendo de manifiesto el sofisticado comportamiento de este clan, que al igual que los *sapiens* de su época adornaban su cuerpo, cuidaban de sus enfermos, enterraban a sus muertos y... usaban plantas medicinales. Como poco, aquilea, camomila y álamo, tres especies de las que se ha encontrado material atrapado en el sarro de sus dentaduras.

Estos ejemplos, si bien no muy numerosos, indican que el género *Homo* se ha automedicado desde antiguo. La dificultad de encontrar rastros vegetales en muestras anteriores a las comentadas, tanto por su poca durabilidad como por la facilidad con la que sufren contaminaciones posteriores, impiden que podamos remontarnos más atrás en el tiempo. Pero la discusión no está ni mucho menos concluida, pues existe un segundo ámbito del que extraer información. Veamos, el hombre de Neandertal, una especie diferente a la nuestra al fin y al cabo, tuvo la capacidad de reconocer y emplear plantas medicinales útiles para su salud. ¿Es muy descabellado pensar en la posibilidad de que otras especies animales también posean esta destreza?

La respuesta es no. No es una consideración disparatada en absoluto. Al contrario, la automedicación constituye un comportamiento relativamente extendido en el reino animal. Sirvan unos cuantos ejemplos como muestra de un hábito mucho más general de lo que imaginamos.

Comencemos el repaso con el primer caso documentado de nuestro pariente vivo más cercano, el chimpancé. No llegó hasta 1987, muy posiblemente porque hasta ese momento nadie había prestado especial atención a una práctica que se creía improbable. Ese año, sin embargo, dos investigadores de expedición por los montes Mahale de Tanzania contemplaron como una hembra de esta especie, visiblemente enferma, arrancaba varios brotes del arbusto *Vernonia amygdalina* y masticaba su médula interior tras haberla separado de las capas exteriores. Y como al día siguiente vieron que la convaleciente se encontraba recuperada, volvieron al inesperado remedio y trataron de esclarecer el asunto. De esa manera averiguaron que los lugareños de la zona también recurrían a la planta cuando sentían dolencias diversas, y que su utilización no resultaba evidente. La corteza del tallo que la chimpancé había desechado contenía un compuesto altamente tóxico que, sin embargo, no estaba presente en la parte que había mascado. Lo que significaba que el animal no solo conocía la planta que podía servirle de tratamiento, sino también la manera en que debía emplearla.

Un arrendajo posado en una rama de un roble con una bellota colgando. Aguafuerte de M. Griffith [Wellcome Collection].

Posteriormente, se ha observado con relativa frecuencia como estos primates consumen distintas plantas con mal sabor y poco valor nutricional cuando se sienten enfermos. En muchas ocasiones lo hacen a causa de sus parásitos intestinales, contra los que luchan engullendo hojas enteras de textura áspera y presencia de vellosidades. Es lo que se ha denominado «efecto velcro», ya que se trata de una expulsión mecánica en la cual algunos de los nematodos que infestan sus sistemas digestivos quedan enganchados a las hojas ingeridas y son defecados junto a ellas.

Cabría preguntarse cómo adquieren los chimpancés estos conocimientos. Sabemos que poseen lo que denominamos cultura, si bien a nivel muy elemental, y que son capaces de desarrollar habilidades que pasan de generación en generación por pura imitación. Por tal motivo, tanto en este aspecto como en el uso de herramientas rudimentarias se producen diferencias entre poblaciones. Pero esto solo nos habla de cómo transmiten esas destrezas, no de cómo llegaron a ellas por primera vez. ¿Será por prueba y error, como ocurre en los humanos con frecuencia? Muy posiblemente. Nuestros caminos evolutivos se separaron hace «tan solo» unos seis millones de años y compartimos bastantes más rasgos de los que nos gusta reconocer.

Pero sigamos nuestro recorrido, pues aún nos queda mucho por ver. Y es que se han descrito casos de automedicación en animales de lo más dispares. Uno de los más comunes es la llamada geofagia, que tal como indica su nombre consiste en comer tierra, si bien no de cualquier tipo. Lo que buscan chimpancés, jirafas y rinocerontes en los termiteros, osos pardos y búfalos cafre al lamer terrenos sin vegetación y un largo etcétera de otras especies, como guacamayos, iguanas, gorilas y macacos japoneses, cuando consumen suelos diversos es arcilla. Una arcilla que, aunque ellos no lo sepan, posee una estructura química muy porosa capaz de absorber parte de las toxinas ingeridas durante su alimentación.

Otra práctica bastante extendida en el reino animal es la de frotarse las plumas o el pelaje con sustancias que protegen de los parásitos. Un ejemplo extremo de este hábito lo encontramos en el arrendajo común, pues se han visto especímenes de esta especie revolcándose con las alas extendidas sobre hormigueros. No llegan a tanto los osos pardos norteamericanos, que sin embargo protagonizan un caso particularmente interesante por lo que tiene de relación con el ser humano. Los *grizzlies*, como son denominados en los países donde habitan, poseen la costumbre de esparcir por su pelaje una pasta que preparan con la planta conocida como raíz de osha, vegetal que también utilizan los indios navajo para tratar infecciones y problemas estomacales. De hecho, este pueblo afirma que aprendió a emplearla gracias a los osos.

Elefanta africana con su cría.

Sin salirnos de la lucha contra los parásitos, podemos añadir otro comportamiento reseñable que se ha observado con frecuencia. Varias especies de aves recubren sus nidos con tallos y hojas frescas de plantas aromáticas. Investigaciones realizadas en poblaciones norteamericanas de estorninos pintos indican que esta práctica reduce el número de ácaros en los nidos, lo que pone de manifiesto la utilidad de una técnica que recuerda bastante a los arcaicos colchones descubiertos en el yacimiento de Sibudu.

Y terminemos este rápido repaso con un último ejemplo. Fue descrito por la bióloga Holly Dublin tras una de las expediciones que realizó para la *World Wildlife Fund* en los años 1970, donde presenció cómo una elefanta africana preñada recorría una distancia muy superior a la habitual hasta encontrar un arbusto de la familia de las borrajas, del que se alimentó ávidamente. Intrigada, la investigadora siguió al animal al día siguiente, asistiendo al nacimiento de su cría, y más tarde constató la costumbre de muchas mujeres keniatas de tomar una infusión hecha con hojas de esa misma planta para inducir su parto. De nuevo, un uso de planta medicinal del que no somos los únicos beneficiarios.

Como vemos, aves y mamíferos predominan entre las especies protagonistas de los casos de automedicación detectados en el reino animal, si bien estamos ante un hábito que llega a darse incluso en invertebrados. Parece evidente, por tanto, que no se necesita poseer la capacidad de aprender para emplear sustancias curativas, pues también se produce en animales con cerebros muy poco desarrollados. De hecho, exceptuando a los homínidos, nos encontramos ante comportamientos innatos en los que la selección natural constituye la fuerza motora y los genes el repositorio que garantiza su transmisión a la siguiente generación.

Claro que, según esta explicación, uno esperaría que estas prácticas supusieran una ventaja para las especies que las han desarrollado y no siempre es así. Ahí tenemos, por ejemplo, los múltiples casos documentados de animales comiendo frutos fermentados para embriagarse con ellos. Se ha visto a elefantes asiáticos tambaleándose después de atiborrarse de durianes maduros, que pueden llegar a contener un siete por ciento de alcohol etílico, y a monos que tras emborracharse de igual modo permanecen en el suelo incapaces de subir a la copa de los árboles donde habitan normalmente.

De la misma manera, si pasamos a otras sustancias psicoactivas, nos encontramos con sucesos igual de chocantes. Como el de los petirrojos americanos durante la época de maduración de las bayas del toyón, cuando las engullen en masa a pesar del efecto embriagador que les provoca, para luego formar grandes bandadas que vuelan totalmente desorientadas e incluso, si sufren intoxicaciones particularmente severas, caerse de las ramas y quedar a merced de sus depredadores. O el de los rumiantes que cogen gusto a pastar la llamada «hierba loca», pese a que los aturde y les llega a causar anorexia. Por no hablar del uso de la iboga, una de las plantas psicotrópicas más conocidas de África, por parte de facoceros, elefantes, puercoespines y gorilas. O de la costumbre compartida por varios pueblos siberianos y sus rebaños de renos de tomar *Amanita muscaria*. Este último caso, además, con la curiosidad añadida de que ambas especies han aprendido que la orina de los consumidores de esta seta alucinógena mantiene su poderoso efecto, lo que aprovechan los primeros en sus ceremonias rituales y los segundos, de forma menos solemne, peleando por el privilegio de beber las micciones de sus congéneres.

Podríamos argumentar que son dos situaciones claramente diferentes. Mientras que en los primeros casos hablábamos del empleo de sustancias curativas, en estos últimos hemos cambiado a psicoactivas. Pero no estaríamos analizando la cuestión del modo adecuado. Porque, ¿cómo diferencian los animales entre unas y otras? Evidentemente, no lo hacen. Ambos comportamientos son en esencia el mismo. Una tendencia hacia el uso de plantas y otras sustancias, más allá de lo relativo a la mera alimentación, que invita a pensar en la existencia de un impulso animal que fomenta la aparición de este tipo de hábitos.

¿Cómo casa esta reflexión con nuestra pregunta inicial? Y, recordemos, nos planteábamos cuándo y cómo había empezado a utilizar plantas medicinales el ser humano. Considerando la enorme cantidad de ejemplos de automedicación descritos en la naturaleza, parece lógico conceder esta capacidad a nuestros ancestros antes incluso del propio nacimiento del género *Homo*. Ellos también habrían contado con esa predisposición natural a la que acabamos de referirnos. A partir de ahí, no cabe duda de que la enorme curiosidad intrínseca que define nuestra especie pudo hacer el resto. Gracias a los distintos mecanismos de adquisición de conocimientos que poseemos, como el ensayo prueba y error y la observación de las prácticas de otros animales, fuimos perfeccionando nuestras destrezas a la hora de cuidar de nuestra salud. Más tarde llegarían el método científico y los experimentos controlados. Y aquí estamos, teorizando sobre la posibilidad de alcanzar esperanzas de vida por encima de los cien años.

Epílogo

Hasta aquí ha llegado el recorrido trazado en el presente libro. Como ven, hemos tenido un poco de todo. Por el camino nos hemos topado con imperios y clanes, guerras y conquistas, enfermedades y remedios, negocios y fraudes, descubrimientos científicos e invenciones tecnológicas, ritos religiosos y hábitos sociales, actos heroicos y conductas infames, personajes célebres y otros olvidados. Ojalá hayan disfrutado el paseo y les haya servido para apreciar el impacto histórico de los productos naturales.

Antes de finalizar, no obstante, me gustaría tratar un par de cuestiones que hasta ahora han quedado sin responder, al menos de forma explícita. La primera se cae de las manos: ¿continúan siendo relevantes estas sustancias hoy en día? Evidentemente, la respuesta es sí y, de hecho, la mayoría de los compuestos que aparecen en los veinticinco capítulos precedentes se utilizan ampliamente en la actualidad. Y podríamos poner más ejemplos. En el campo de la salud los encontramos a decenas: antibióticos como la eritromicina o la vancomicina, antiparasitarios como la avermectina, antitumorales como la trabectedina o la vinblastina, inmunosupresores que evitan el rechazo de órganos trasplantados como la ciclosporina o la rapamicina, hipolipemiantes como la lovastatina, analgésicos como la codeína… Pero es que, además, su investigación sigue dando frutos, tanto en el hallazgo de nuevos remedios contra las enfermedades, como en el desarrollo de métodos eficientes para su obtención a escala industrial.

Sobre el primer aspecto, ya se comentó en su momento un dato concluyente: un cuarto de los fármacos aprobados en los últimos cuarenta años son productos naturales o derivados directos suyos. ¿De dónde provienen? Interesante pregunta, pues nos habla de la función de estas moléculas en los organismos que las generan. Gran parte de ellas son segregadas por plantas, hongos, animales marinos sésiles y microorganismos, todos ellos seres vivos que comparten un nexo común crucial, su imposibilidad para desplazarse por sí mismos. Pero como no por ello dejan de interactuar con su entorno y defenderse de depredadores y parásitos, millones de años de evolución los han convertido en auténticos expertos en comunicación y guerra química, capaces de producir una miríada de compuestos diferentes. Y así, aquellos que los protegen del ataque de mamíferos actuarán en nosotros como veneno y los que los resguardan de hongos, bacterias y microorganismos quizá ejerzan el mismo efecto en nuestro cuerpo y sirvan como medicamentos. Sin olvidar que una fracción considerable de los productos naturales descritos carecen de finalidad conocida.

Por esta causa, no nos debe extrañar que, empleándolos como modelo, en ocasiones sea posible diseñar análogos sintéticos más aptos para nuestro uso, bien porque posean características mejoradas, bien porque resulten más accesibles. Si recuerdan, a lo largo del libro hemos visto más de un ejemplo de este tipo de estrategia, que conserva intacta su vigencia. Tras dos siglos de intenso desarrollo científico, la naturaleza ya no es nuestro límite, pero sí una imprescindible fuente de inspiración.

Este es uno de los motivos que hacen de la ciencia médica un instrumento enormemente superior a los remedios naturistas en boga. Pero existen bastantes más. Y a riesgo de entrar en el terreno de lo obvio, con esto me gustaría terminar, con una defensa enérgica en favor de la farmacopea moderna con respecto al consumo de plantas medicinales. No pretendo extenderme en las razones, pues quien quiera profundizar en el tema cuenta con lecturas excelentes dedicadas a ello. Simplemente mencionaré algunos argumentos que me parecen inequívocos: la importancia de controlar la dosis en cualquier tratamiento farmacológico, la variabilidad en la concentración de principios activos en las fuentes naturales, la dificultad de lograr un suministro adecuado de muchas de ellas, las quince mil especies de plantas medicinales amenazadas por su recolección excesiva… y, sobre todo, la falsa dicotomía natural-artificial que conduce a elecciones sin sentido. Resulta absurdo desdeñar herramientas valiosas debido a su procedencia, lo sensato es utilizar las más eficaces independientemente de donde vengan. El provecho que podamos obtener de un compuesto químico no está condicionado por su origen, que en realidad nos dice muy poco sobre sus características, sino por su estructura y propiedades, así como por los conocimientos que hayamos adquirido acerca de ellas.

Agradecimientos

Hace una década comencé un largo viaje que termina con estas palabras de agradecimiento. Mucho tiempo, muchas vivencias y muchas personas queridas en el recuerdo:

Patricia, Guillermo e Irene, los tres mayores golpes de suerte en una ya de por sí afortunada vida. Gracias por vuestro amor, por vuestra comprensión y, en el caso de Patricia, por haber ejercido de primera lectora crítica de esta obra. Qué nos queden muchos viajes y mucha vida por compartir.

Paco y Mari, los mejores padres que uno puede desear. Gracias por vuestro apoyo constante y por vuestro ejemplo, auténtico referente tanto para mí como para mi hermana Ruth, que también tengo muy presente en este momento. De cualquier cosa buena que haga en la vida, vosotros seréis parcialmente responsables.

Amigos. Son muchos, así que no intentaré completar una lista. Aparte de nuestro mutuo afecto, a muchos de vosotros tengo que agradeceros las horas de charla sobre productos naturales que soportasteis en su momento. Fueron muy importantes para mí, pues me ayudaron a estructurar estas historias en mi cabeza.

Eric Calderwood, que no solo entra de pleno en el apartado anterior, sino que además merece espacio propio. Gracias por tu ayuda con las traducciones del inglés y el árabe que ha necesitado el libro. Ha sido un verdadero lujo.

Varios de los capítulos de este volumen fueron publicados previamente como artículos independientes. En ese sentido, me gustaría agradecer a *Mètode* (capítulos 3, 9, 10, 19, 24), *Jot Down* (4, 6, 16, 20, 21), *Naukas* (2, 17), revista y web *Principia* (23, 25), *Anales RSEQ* (14) y *Ensaya 2010* (18) la difusión inicial de estos textos. En cualquier caso, de cara a la publicación de este libro, todos ellos han sido revisados y corregidos de nuevo, así como actualizados los datos que contienen.

Universidad de La Rioja y Universidad de Alcalá. En la primera comencé mi formación y en la segunda encontré acomodo para desarrollar mi carrera académica. Por tanto, ambas esenciales en mi trayectoria profesional. Y como lo más importante de una institución son las personas que forman parte de ella, mi agradecimiento es extensivo a los profesores y compañeros de ambas universidades que me ayudaron, y siguen ayudando, en mi caminar por la senda química. He tenido mucha suerte en ambos casos.

Editorial Almuzara, en su sello de divulgación científica, Guadalmazán, por confiar en un autor novel y desconocido como el que escribe. Ojalá les salga bien la apuesta y su audacia encuentre premio.

Por último, me gustaría agradecer a los autores de las obras que figuran en la bibliografía su imprescindible función informativa de cara a la consecución de este libro. Cuánto he aprendido de ellos. Mención aparte merece *El río* de Wade Davis, cuya inspiradora lectura inició el largo proceso que finaliza aquí.

Bibliografía

Capítulo 1

—Corn, C. (1999). *The scents of eden. A history of the spice trade.* Kodansha America.

—McGee, H. (2007). *La cocina y los alimentos.* Editorial Debate.

—Turner, J. (2018). *Las especias. Historia de una tentación.* Editorial Acantilado.

—García Carrera, M. (2016). *Análisis comparativo de las compañías holandesa e inglesa de las Indias orientales, 1680-1773.* Trabajo Fin del Máster universitario en Estudios Avanzados en Humanidades, Universidad de La Rioja.

Capítulo 2

—Bown, S. R. (2005). *Escorbuto.* Editorial Juventud.

—Pigafetta A. (1986). *Primer viaje alrededor del Globo.* Ediciones Orbis.

—Bergreen, L. (2004). *Magallanes: hasta los confines de la Tierra.* Editorial Planeta.

—Cartaya, J. (2008). La alimentación de la Armada española en la Edad Moderna. Una visión distinta de la batalla de Trafalgar. *Historia. Instituciones. Documentos, 35,* 127-148.

—Guerra, F. (1950). Hispanic-American contribution to the history of scurvy. *Centaurus, 1,* 12-23.

-Magiorkinis, E.; Beloukas, A.; Diamantis, A. (2011). Scurvy: Past, present and future. *European Journal of Internal Medicine, 22,* 147-152.

—Baron, J. H. (2009). Sailors' scurvy before and after James Lind--a reassessment. *Nutrition Reviews, 67,* 315-332.

Capítulo 3

—Munger, R. S. (1949). Guaiacum, the Holy Wood from the New World. Journal of the History of Medicine and Allied Sciences, *IV*, 196-229.

—Fernández de Oviedo, G. (1526). *Sumario de la Natural y General Historia de las Indias*.

—Pardo, J.; López, M. L. (1993). *Las primeras noticias sobre plantas americanas en las relaciones de viajes y crónicas de Indias (1493-1553)*. Instituto de Estudios Documentales e Históricos sobre la Ciencia.

—Pardo, J. (2002). *El Tesoro natural de América. Colonialismo y ciencia del siglo XVI*. Nivola Libros y Ediciones.

—Fresquet, J. L. (2005). La sífilis. *Eidon, 17*, 52-57.

—Esteva de Sagrera, J. (2005). *Historia de la Farmacia: Los medicamentos, la riqueza y el bienestar*. Editorial Masson.

—Parascandola, J. (2009). From mercury to miracle drugs: syphilis therapy over the centuries. *Pharmacy in History, 51*, 14-23.

— Mejía, P. (2014). Banqueros alemanes en la España de Carlos V. *Boletín de la Sociedad Geográfica Española, 48*, 46-61.

—Harper, K. N.; Zuckerman, M. K.; Armelagos, G. J. (2014). Syphilis: then and now. *The Scientist Magazine*.

Capítulo 4

—Mintz, S. W. (1986). *Sweetness and power*. Penguin Books.

—Morgan, K. (2017). *Cuatro siglos de esclavitud transatlántica*. Editorial Crítica.

—Diamond, J. (2007). *Colapso*. Editorial Debolsillo.

—Arciniegas, G. (1963). *Biografía del Caribe*. Editorial Sudamericana.

—Piqueras, J. A. (2011). *La esclavitud en las Españas*. Los libros de la catarata.

—Castro, N.; Villadiego, L. (2013). *Amarga dulzura*. Carro de combate.

—Mann, C. C. (2013). *1493. Una nueva historia del mundo después de Colón*. Katz editores.

—Spary, E. C. (2014). *Feeding France*. Cambridge University Press.

Capítulo 5

—Hames, G. (2012). *Alcohol in world history*. Routledge.

—Gately, I. (2008). *Drink. A cultural history of alcohol*. Gotham Books.

—Escolà, C. (2016). *Licencia para matar. Una historia del tabaco en España*. Ediciones Península.

—Gately, I. (2003). *La diva nicotina. Historia del tabaco*. Javier Vergara Editor.

—Weinberg, B. A.; Bealer, B. K. (2012). *El mundo de la cafeína*. Fondo de Cultura Económica.

—Basulto, J. Cafeína y azúcar en Burn 50 cl. (bebida «energética»). Web juliobasulto.com, 21 de junio de 2017.

Capítulo 6

—Honigsbaum, M. (2001). *The Fever Trail: in search of the cure for malaria*. Farrar Straus and Giroux.

—Webb Jr., J. L. A. (2013). *La carga palúdica en la humanidad. Una historia universal de la malaria*. Publicaciones de la Universidad de Valencia.

—Varios Autores (2009). *Malaria*. Biblioteca Nacional de España.

—Bleichmar, D. (2012). *Visible Empire: botanical expeditions and visual culture in the Hispanic Enlightenment*. University of Chicago Press.

—Nieto Olarte, M. (2009). *Remedios para el Imperio: Historia*

Natural y la apropiación del Nuevo Mundo. Universidad Externado de Colombia.

Capítulo 7

—Dormandy, T. (2012). *Opium. Reality's dark dream*. Yale University Press.

—Hodgson, B. (2004). *Opio. Un retrato del demonio celestial*. Turner Publicaciones.

—Gil Pecharromán, J. (1985). *Las guerras del opio*. Cuadernos Historia 16.

—Sneader, W. (2005). *Drug Discovery. A history*. John Wiley & Sons.

—Carnwath, T.; Smith, I. (2006). *El siglo de la heroína*. Editorial Melusina.

—Hidalgo Downing, E. (2007). *Heroína*. Amargord Ediciones.

—González Bustelo, M. (2014). *Narcotráfico y crimen organizado*. Icaria Editorial.

Capítulo 8

—Lozano, S. (2008). *El secreto de la vainilla*. Smashwords Edition.

—Abreu-Runkel, R. (2020). *Vanilla: a global history*. Reaktion books.

—Ecott, T. (2004). *Vanilla: Travels in Search of America's Most Popular Flavor*. Grove Press.

—Bomgardner, M. M. (2016). The problem with vanilla. *Chemical & Engineering News*, 94, 38-42.

Capítulo 9

—Verne, J. (1869). *Alrededor de la Luna*.

—Real Academia Nacional de Farmacia (2003). *Anales de la*

Real Academia Nacional de Farmacia, 69 (4).

—Boretto, R.; Olveira, A. (2005). Carne de Cañón. *VII Jornadas Internacionales sobre Patrimonio Industrial*. INCUNA.

—Alonso, S.; Craciun, M.; De Souza, L.; Nisivoccia, E. (2010). Frigorífico Anglo. En *5 narrativas, 5 edificios*. 12ª Bienal de Arquitectura de Venecia.

—Pharo, G. *Taking Stock: The OXO Story*.

—Solivérez, C. E. Auge y decadencia de la carne conservada. En *Enciclopedia de Ciencias y Tecnologías en Argentina (ECYT-AR)*.

—Esteban, S.; Pérez, J. (2012). Extracto de la carne: la invención de un químico. En Pinto, G. y M. Martín (eds.). *Enseñanza y divulgación de la química y la física*. pp. 175-181. Ed. Garceta.

Capítulo 10

—Garfield, S. (2001). *Malva. Historia del color que cambió el mundo*. Ediciones Península.

—Woolmer, M. (2018). La púrpura fenicia, el tinte más preciado de la Antigüedad. *National Geographic, Historia, Num. 173*, 54-65.

—Ball, P. (2004). *La invención del color*. Turner Publicaciones.

—Greenfield, A. B. (2010). *Un rojo perfecto*. Publicaciones de la Universidad de Valencia.

—Balfour-Paul, J. (2012). *Indigo, Egyptian mummies to blue jeans*. Firefly Books.

—Sánchez Ron, J. M. (2007). *El poder de la ciencia: Historia social, política y económica de la ciencia (siglos XIX y XX)*. Editorial Crítica.

Capítulo 11

—Tully, J. (2011). *The Devil's milk. A social history of rubber*. Monthly Review Press.

—Davis, W. (2004). *El río*. Editorial Pre-Textos.

—Mann, C. C. (2013). *1493. Una nueva historia del mundo después de Colón.* Katz editores.

—Hochschild, A. (2002). *El fantasma del rey Leopoldo.* Ediciones Península.

—Ullán de la Rosa, F. J. (2004). La era del caucho en el Amazonas (1870-1920): Modelos de explotación y relaciones sociales de producción. *Anales del Museo de América, 12,* 183-204.

Capítulo 12

—Cushman, G. T. (2018) *Los señores del guano. Una historia ecológica global del Pacífico.* Instituto de Estudios Peruanos.

—Smil, V. (2001) *Enriching the earth: Fritz Haber, Carl Bosch, and the transformation of world food production.* The MIT Press.

—Topik, S.; Marichal, C.; Frank, Z. (editores) (2006). *From silver to cocaine: latin american commodity chains and the building of the world economy, 1500—2000.* Duke University Press.

—Mann, C. C. (2013). *1493. Una nueva historia del mundo después de Colón.* Katz editores.

—Ferro, M. (1999). *La Gran Guerra (1914-1918).* Alianza Editorial.

—Cerruti, F. E. (1864). *Perú y España: narración de los acontecimientos que precedieron y siguieron a la toma de las Islas de Chincha, con el análisis del despacho del Sr. Salazar y Mazarredo, detallando las aventuras de su vuelta a casa.*

—Escobar Doxrud, L. (1985). Guerra contra España (1863-1866). *Revista de Marina,* 768.

—Clark, B.; Foster, J. B. (2012). Imperialismo ecológico y la fractura metabólica global. Intercambio desigual y el comercio de guano/nitratos. *Theomai,* 26.

—Cabello Vázquez, R. (2015). *Movilización industrial ante la Primera Guerra Mundial: la industria química en Alemania y EE.UU.* Tesis doctoral, Universidad Autónoma de Madrid.

Capítulo 13

—Diarmuid, J. (2004) *Aspirina, la extraordinaria historia de una droga maravillosa*. Editorial Biblioteca Buridán.

—Marko, V. (2020) *From Aspirin to Viagra, Stories of the Drugs that Changed the World*. Springer International Publishing.

—Sneader, W. (2000) The discovery of aspirin: a reappraisal. *The BMJ, 321*, 1591-1594.

—Braña, M. F.; del Río, L. A.; Trives, C.; Salazar, N. (2005). La verdadera historia de la Aspirina. *Anales de la Real Academia Nacional de Farmacia, 71,* 813-819.

—Vaupel, E. (2005) Arthur Eichengrün–Tribute to a Forgotten Chemist, Entrepreneur, and German Jew. *Angewandte Chemie International Edition, 44*, 3344-3355.

—Eichengrün, A. (1949) 50 Jahre Aspirin. *Die Pharmazie, 4*, 582-584.

Capítulo 14

—Witkop, B. (1980). Percy Lavon Julian, 1899-1975. En *Biographical Memoirs*, vol. 52, The National Academy Press.

—Witkop, B. (1998). From the «ordeal bean» (*Physostigma venenos um*) to the ordeal of alzheimer's disease --- some of the legacy of Percy Lavon Julian (1899-1975). *Heterocycles, 49,* 9-27.

—Synthesis of physostigmine. (1999). *National Historic Chemical Landmarks program*. American Chemical Society.

—Documental *Forgotten Genius* del canal PBS Nova (2007).

—Nickalls, R. W. D.; Nickalls, E. A. (1988). The first use of physostigmine in the treatment of atropine poisoning. *Anaesthesia, 43,* 776-779.

—Spinney, L. (2003). The killer bean of Calabar. *New Scientist, 178,* 48-49.

—Proudfoot, A. (2006). The Early Toxicology of Physostigmine A Tale of Beans, Great Men and Egos. *Toxicological Reviews, 25,* 99-138.

—Scheindlin, S. (2010). Episodes in the story of physostigmine. Molecular Interventions, *10*, 4-10.

Capítulo 15

—Kamienski, L. (2017). *Las drogas en la guerra: una historia global*. Editorial Crítica.

—Rasmussen, N. (2009). *On speed: From Benzedrine to Adderall*. NYU Press.

—Cardona, G. (1996). *La II Guerra Mundial (1)*. Cuadernos Historia 16.

—Wernick, R. (2008). *Segunda Guerra Mundial: la Guerra Relámpago*. Time Life Folio.

—Castañón, F. *Anfetaminas*. Web: Historia del Medicamento.

Capítulo 16

—Lax, E. (2005). *The mold in Dr. Florey's coat*. Henry Halt and Company.

—García Rodríguez, J. A. (2004). *Una historia verdaderamente fascinante 75 años del descubrimiento de los antibióticos: 60 años de utilización clínica en España*. Sociedad Española de Quimioterapia.

—The discovery and development of penicillin 1928-1945. (1999). *National Historic Chemical Landmarks program*. American Chemical Society.

—González Bueno, A.; Rodríguez Nozal, R. (2012). La penicilina en la España franquista: importación, intervención e industrialización. *Eidon: revista de la fundación de ciencias de la salud*, *38*, 11.

—González, J.; Orero, A. (2007). La penicilina llega a España: 10 de marzo de 1944, una fecha histórica. *Revista Española de Quimioterapia*, *20*, 446-450.

Capítulo 17

—Soto Laveaga, G. (2009). *Jungle Laboratories. Mexican Peasants, National Projects and the making of the Pill*. Duke University Press.

—Djerassi, C. (1996). *La píldora, los chipancés pigmeos y el caballo de Degas*. Fondo de Cultura Económica.

—Marker, R. E., entrevista de Sturchio, J. L. (1987). Chemical Heritage Foundation, Oral History.

—Rosenkranz, G. entrevista de Traynham, J. G. (1997). Chemical Heritage Foundation, Oral History.

—The 'Marker Degradation' and creation of the Mexican Steroid Hormone Industry 1938-1945. (1999) *National Historic Chemical Landmarks program*. American Chemical Society.

—Lehmann, F.; Bolívar, G.; Quintero, R. (1970). Russell E. Marker, pionero de la industria de los esteroides. *Revista de la Sociedad Química de México*, *14*, 133-144.

—Mann, J. (2010). The birth of the pill. *Chemistry World*, September, 56-60.

—Gibbs, N. (2010). The Pill at 50: sex, freedom and paradox. *Time Magazine*.

—Hinke, N. (2008). El barbasco. *Ciencias*, *89*, 54-57.

Capítulo 18

—Schultes, R. E.; Hofmann A. (2002). *Plantas de los dioses: orígenes del uso de los alucinógenos*. Editorial Fondo de Cultura Económica de España.

—Davis, W. (2005). *El río: Exploraciones y descubrimientos en la selva amazónica*. Editorial Pre-textos.

—Hofmann A. (2006). *La historia del LSD: Cómo descubrí el ácido y qué pasó después en el mundo*. Editorial Gedisa.

—Shapiro, H. (2006). *Historia del rock y las drogas*. Ediciones Robinbook.

—Nicolaou K. C.; Montagnon T. (2008). *Molecules that changed the World*. Editorial Wiley-VCH.

—Gordon Wasson, R. (1957). Seeking the magic mushroom. *Life Magazine*, June 10.

—Hofmann A. (1971). Teonanácatl and Ololiuqui, two ancient magic drugs of Mexico. *Bulletin on narcotics*, *1*, 3-14.

Capítulo 19

—Raviña, E. (2017). *Las medicinas de la Historia Española en América*. Servicio de publicaciones de la Universidad de Santiago de Compostela.

—Unzueta, M. C.; Hervás, C.; Villar, J. (2000). *A new toy*: la irrupción del curare en la anestesia española (1946). Revista Española de Anestesiología y Reanimación, *47*, 343-351.

—Miguel, J.; Vela, R. (1953). Contribución española a la historia del curare. Hypnos, *1*, 7-64.

—Carod-Artal, F. J. (2012). Curares y timbós, venenos del Amazonas. *Revista de Neurología*, *55*, 689-698.

—Cipolleti, M. S. (1988). El tráfico del curare en la cuenca amazónica (Siglos Xviii y Xix). Anthropos, *83*, 527-540.

—Birmingham, A. T. (1999). Waterton and Wouralia. British Journal of Pharmacology, *126*, 1685-1689.

—Betcher, A. M. (1977). The civilizing of curare: a history of its development and introduction into anesthesiology. *Anesthesia and Analgesia*, *56*, 305-319.

Capítulo 20

—Jianfang, Z. (2013). *A detailed chronological record of Project 523 and the discovery and development of qinghaosu (artemisinin)*. Strategic Book Publishing.

—Tu, Y. (2011). The discovery of artemisinin (qinghaosu) and gifts from Chinese medicine. *Nature Medicine*, *17*, 1217-1220.

—Miller, L. H.; Su, X. (2011). Artemisinin: Discovery from the Chinese Herbal Garden. *Cell, 146*, 855-858.

—Documental *Malaria: Defeating the Curse* del programa *Horizon* de la BBC (2005).

—McNeil Jr., D. G. (2012). For intrigue, malaria drug gets the prize. *New York Times,* 16 de enero.

—Peplow, M. (2013). Malaria drug made in yeast causes market ferment. *Nature, 494*, 160-161.

Capítulo 21

—Karch, S. B. (2005). *A Brief history of cocaine*. CRC Press.

—Jay, M. (2010). *High Society: mind-altering drugs in history and culture*. Thames & Hudson.

—Davis, W. (2004). *El río*. Editorial Pre-Textos.

—Varios Autores. (2009). Los mitos de la coca. Drogas y Conflicto, Nr. 17, Transnational Institute (TNI).

—Varios Autores. (2012). Regulando las Guerras Contra las Drogas. LSE IDEAS Special Report SR014.

—May, C. (2017). *Transnational Crime and the Developing World*. Global Financial Integrity.

—Varios Autores. (2019). *Informe Mundial sobre las Drogas 2019*. Oficina de las Naciones Unidas contra la Droga y el Delito (UNODC).

—Valenzuela, R. A. La cocaína: producción y precio. El Economista, 6 de noviembre de 2013.

—Pardo Veiras, J. L. 13 años y 250.000 muertos: las lecciones no aprendidas en México. The Washington Post, 29 de octubre de 2019.

Capítulo 22

—Goodman, J.; Walsh, V. (2001) *The Story of Taxol: Nature and Politics in the Pursuit of an Anti-Cancer Drug*. Cambridge University Press.

—McElroy, C.; Jennewein, S. (2018) *Taxol® Biosynthesis and Production: From Forests to Fermenters*. En *Biotechnology of Natural Products*. Schwab, W.; Lange, B. M.; Wüst, M. (eds.). Springer International Publishing AG.

—Burgos, J. S. (2021). *Diseñando fármacos. Lo que siempre quiso saber y no se atrevió a preguntar*. Next Door Publishers.

—Bernardini, S.; Tiezzi, A.; Laghezza Masci, V.; Ovidi, E. (2018). Natural products for human health: an historical overview of the drug discovery approaches. *Natural Product Research*, 32, 1926-1950.

—Atanasov, A. G.; Zotchev, S. B.; Dirsch, V. M.; the International Natural Product Sciences Taskforce, Supuran, C. T. (2021). Natural products in drug discovery: advances and opportunities. *Nature Reviews Drug Discovery*, 20, 200-216.

—Howes, M. J.; Quave, C. L.; Collemare, J.; Tatsis, E. C.; Twilley, D.; Lulekal, E.; Farlow, A.; Li, L.; Cazar, M. E.; Leaman, D. J.; Prescott, T. A. K.; Milliken, W.; Martin, C.; Nuno De Canha, M.; Lall, N.; Qin, H.; Walker, B. E.; Vasquez-Londono, C.; Allkin, B.; Rivers, M.; Simmonds, M. S. J.; Bell, E.; Battison, A.; Felix, J.; Forest, F.; Leon, C.; Williams, C.; Lughadha, E. N. (2020). Molecules from nature: Reconciling biodiversity conservation and global healthcare imperatives for sustainable use of medicinal plants and fungi. *Plants People Planet*, 2, 463-481.

Capítulo 23

—Pijoan, M. (2002). Los afrodisíacos, ¿mito o realidad? *Offarm*, 21, 146-156.

—van Andel, T.; Mitchell, S.; Volpato, G.; Vandebroek, I.; Swier, J.; Ruysschaert, S.; Rentería Jiménez, C. A.; Raes, N. (2012). In search of the perfect aphrodisiac: Parallel use of bitter tonics in West Africa and the Caribbean. *Journal of Ethnopharmacology*, 143, 840-850.

—Alonso, J. R. (2016). La mosca española. *Jot Down*.

—Gómez, C. O. (2009). *Libro de la salud cardiovascular del*

Hospital Clínico San Carlos y la Fundación BBVA. Capítulo 24: Disfunción eréctil, marcador del riesgo cardiovascular. Fundación BBVA.

—Hoofnagle, M. (2007). The Road to Sildenafil — A history of artifical erections. *Denialism blog.*

Capítulo 24

—Clarke, R. (2006). The origin of ambergris. *Latin American Journal of Aquatic Mammals, 5,* 7-21.

—Srinivasan, T. M. (2015). Ambergris in perfumery in the past and present Indian context and the western world. Indian Journal of History of Science, *50,* 306-323.

—Kemp, C. (2012). *Floating gold.* The University of Chicago Press.

—Hoare, P. (2010). *Leviatán o la ballena.* Ático de los libros.

—Monardes, N. (1580). Historia medicinal de las cosas que se traen de nuestras Indias Occidentales.

—Melville, H. (1968). *Obras.* Editorial Planeta.

—Mendez Nieto, J. (1607). *Discursos medicinales.*

—Polo, M. (1300). *Libro de las Maravillas.*

—Ruiz Brutón, E. A. (2003). El Ámbar de Medina Sidonia en la farmacopea del siglo onceno. *Revista Puerta del Sol, 6,* 6.

—Alberdi Lonbide, X. (2013). El más oculto «secreto»: las cacerías de cachalotes y la industria del refinado de esperma en el País Vasco durante los siglos XVII y XVIII. *Boletín de la Real Sociedad Bascongada de Amigos del País, 69,* 331-381.

—Taylor, B. L., Baird, R., Barlow, J., Dawson, S. M., Ford, J., Mead, J. G., Notarbartolo di Sciara, G., Wade, P., Pitman, R. L. (2008). Physeter macrocephalus. *The IUCN Red List of Threatened Species 2008,* e.T41755A10554884.

Capítulo 25

—Jiménez, C. (2013). El papel de los productos naturales en el mercado farmacéutico actual. *Anales de la Real Sociedad Española de Química*, *109*, 134-141.

—Newman, D. J.; Cragg, G. M. (2020). Natural Products as Sources of New Drugs over the Nearly Four Decades from 01/1981 to 09/2019. *Journal of Natural Products*, 83, 770-803.

—Hawkins, B. (2008). *Plants for life: Medicinal plant conservation and botanic gardens*. Botanic Gardens Conservation International.

—Wadley, L.; Sievers, C.; Bamford, M.; Goldberg, P.; Berna, F.; Miller, C. (2011). Middle stone age bedding construction and settlement patterns at Sibudu, South Africa. *Science*, *334*, 1388-1391.

—Hardy, K.; Buckley, S.; Huffman, M. (2013). Neanderthal self-medication in context. *Antiquity*, *87*, 873-878.

—Pijoan, M. (2003). La automedicación animal y su interés farmacológico. *Offarm*, *22*, 84-92.

—de Roode, J. C.; Lefèvre, T.; Hunter, M. D. (2013). Self-medication in animals. *Science*, *340*, 150-151.

—Shurkin, J. (2014). Animals that self-medicate. *Proceedings of the National Academy of Sciences*, *111*, 17339-17341.

—Samorini, G. (2003). *Animales que se drogan*. Cáñamo ediciones.

Otros títulos en
Libros en el **Bolsillo**

La
INTELIGENCIA
de los BOSQUES

UN VIAJE CIENTÍFICO AL CORAZÓN DEL BOSQUE:
ESTRATEGIAS, BIOLOGÍA E HISTORIAS DEL FABULOSO
ECOSISTEMA DONDE REINAN LOS ÁRBOLES

Por el ingeniero forestal y naturalista

ENRIQUE GARCÍA GÓMEZ

Eso NO ESTABA en mi LIBRO de BOTÁNICA

ROSA PORCEL

@bioamara

Complejas, atrevidas, sensibles e incluso apasionadas, las plantas son las grandes olvidadas pese a que sin ellas no podríamos vivir. Descubre sus grandes proezas, sus formas más curiosas, sus comportamientos más feroces... y cómo han influido en la Historia.

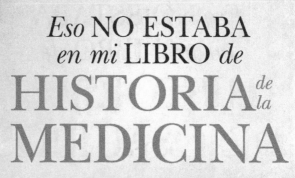

Eso NO ESTABA
en mi LIBRO *de*
HISTORIA *de la*
MEDICINA

«Enfermedades implacables, rasguños mortales, diagnósticos imposibles,
algún aprendiz de brujo y mujeres enfrentadas a su tiempo.»

C. A. YUSTE & JON ARRIZABALAGA

Eso NO ESTABA *en mi* LIBRO *de* HISTORIA *de los* DINOSAURIOS

por

FRANCESC GASCÓ LLUNA

¿Sabías que los dinosaurios han sido protagonistas de relatos de ficción desde hace más de un siglo? ¿Y que se han usado de manera recurrente como reclamo publicitario desde hace décadas?